1. 斑叶垂椒草
Peperomia scandens 'Variegata'

藤蔓及悬垂花卉欣赏

2. 银星绿萝
Svindapsus Pictus 'Argyraeus'

3. 网纹草
Fittonia verschaffeltii

品种

1. 银线水竹草
Tradescantia albiflora 'Albovittata'

2. 银边薜荔
Ficus Pamila variegata

3. 袋鼠花
Nematanthus 'cheerio'

品种

1. 吊金钱
Ceropegia woodii

2. 喜荫花
Episcia cupreata

3. 吊竹梅
Zebrina Pendula

1. 迷你龟背竹
Monstre obliqua varexpilata

2. 美丽马兜铃
Aristolochia elegans

3. 吊兰
Chlorophytam elatum

品种

1. 龙吐珠
Clerodendram thomsonae

品种

2. 白蝶合果芋
Syngorium Podophyllum
'White Butterfly'

3. 凌霄
Campsis grandiflora

1. 马兜铃
Aristolochia debilis

2. 松叶牡丹
Portulaca grandiflora

3. 炮竹红
Russelia equisetiformis

4. 大花老鸦嘴
Thunbergia grandiflora

1. 云南羊蹄甲
Baubinia yunnanensis

2. 球兰
Hoya carnosa

3. 虎耳草
Saxifraga stolonifera

4. 爬山虎
Parthenocissus tricuspidata

1. 蟹爪兰吊盆在棚内的养植

2. 蟹爪兰
Zygocactus truncates

3. 长春花
Catharanthus roseus

4. 长春花吊盆

1. 五爪金龙（牵牛花属）
Ipomoea cairica

2. 水瓜
Laffa cylindrica

3. 牵牛花
Ipomoea nil

1. 天门冬
Asparagus sprengeri

2. 葡萄
Vitis vinifera

3. 珊瑚藤
Antygonon leptpus

1. 鹰爪花
Artabotrys hexapetalus

2. 蒜香藤
Pesudocalymmqa alliaceum

3. 茑萝
Quamoclit Pennata

4. 九重葛
Bougainvillea spectabilis

1. 非洲凤仙花
Impatiens Walleriana

2. 天竺葵
Pelargonium hortorum Baieey

3. 口红花
Aeschynanthus

4. 金莲花
Tropaeolum majus

1. 金容常春藤
Hedera helix ‘Schester’

2. 三色堇
Viola tricolor DC.

品种

3. 紫西番莲
Passiflorax x violacea

1. 软枝黄蝉
Allamanda cathartica

2. 金银花
Lonicera japonica

品种

3. 绿萝在庭院上的应用
Scindapsus aureus

1. 猪笼草
Nepenthes hybrida

2. 蛇瓜
Trichosanthes angeuina

3. 铁线莲
Clematis florida

庭院林下的棚架

花架上的悬垂花卉

藤蔓植物在园林上的应用

●百花盆栽图说丛书

藤蔓及悬垂花卉

余志满（华南植物园）
胡松华（华南植物园） 编著

中国林业出版社

图书在版编目（CIP）数据

藤蔓及悬垂花卉/余志满，胡松华编著．－北京：中国林业出版社，2004.1
（百花盆栽图说丛书）
ISBN 7－5038－3615－6

Ⅰ．藤… Ⅱ．①余…②胡… Ⅲ．藤属—花卉—观赏园艺 Ⅳ．S68

中国版本图书馆 CIP 数据核字（2003）第 118919 号

出　　版：中国林业出版社（100009　北京西城区刘海胡同 7 号）
E-mail：cfphz@public.bta.net.cn
电　　话：010－66188524
特约编辑：王有江
责任编辑：刘开运　谭艳萍　卢　灵
图文整理：张明丽　刘雁琪
图文制作：北京创世源图文设计制作中心
印　　刷：北京昌平百善印刷厂
发　　行：新华书店北京发行所
版　　次：2004 年 1 月第 1 版
印　　次：2004 年 1 月第 1 次
开　　本：148mm×210mm　1/32
印　　张：4.5　　彩插：16
字　　数：120 千字
印　　数：1～5000 册
定　　价：13.00 元

序

花卉盆栽在我国有悠久的发展历史，深厚的文化传承。我国被誉为“世界花园之母”，花卉种质资源（不论名花良种还是野生花卉）极为丰富。现代社会人们对花卉的鉴赏水平越来越高，盆栽消费也一派繁荣。

越来越多的人们喜欢在居室中栽培自己所钟爱的花卉。社会礼仪交往中，也有很多人已将盆花作为礼物相互赠送。随着人们对环境美的时尚追求，许多人已从单纯用花卉点缀居室、闲暇修身养性，发展为追求人与自然的交融、追求花文化的深刻内涵。有些人或欣赏梅花香自苦寒来的傲骨、铁树的坚韧，或陶醉于蝴蝶兰的争奇斗妍、牡丹的国色天香、仙人掌的神圣不可侵犯等等。客厅中的亭立观叶植物也使人犹如置入大自然之中。花语传递出人们只可意会而不可言传的情感。

那么，盆栽爱好者所钟爱的单种类花卉的文化渊源是什么？中外盆栽爱好者所赋予的花文化内涵是什么？莳养要诀是什么？怎样使盆栽花卉有效地控制花期？诸如此类等等问题，不仅是盆栽生产者，也是盆栽爱好者迫切需要了解的。为满足市场需求，“百花盆栽图说丛书”适时出版了。

综观全套丛书有以下三大亮点：

1. 作者大多是敬业于花艺界多年的专家、学者，在单种类花卉经营和研究实践基础之上，总结出了一套有自己独到又切合实际的经验方法、绝活。

2. 该套丛书从初级入手，从花卉栽培管理的焦点入手，以图说方式展开，循序渐进、简明扼要。既是科普书，又有一定的科研价值。

3. 每册书都在花卉文化和应用方面有独到的阐述和深入的挖掘，为人们欣赏和应用花卉提供了参考。

“百花盆栽图说丛书”编委及作者，历经近2年的策划及创作，出版这么大规模的种类相对齐全而又图文并茂、体例及长短适宜的图说丛书，国内尚属首次，应该说，是填补了一项空白。审读着每一本书稿，可谓爱不释手。我作为老一代的“花痴”，看到的是百花园中成长的新一代的今天，和当今世界大花园中我国花文化辉煌的明天，心中有无限的欣慰。

相信有我国现代的和悠久的花卉栽培技术积淀及不断汲取的西方花卉栽培技术，我国花卉产业及文化将快速驶向光辉灿烂的明天。

中国工程院院士 陈俊愉

2003年12月

前　言

我国素有“世界花园之母”的美称，花卉栽培的历史悠久，资源丰富而且种类繁多。近年来，随着人们生活水平的日益提高，利用绿色植物来美化家居环境，已成为现代人们的新时尚。在缤纷的花卉植物王国里，藤蔓及悬垂花卉是其中的一个重要成员，它具有占地小，绿化空间大，在美化环境中起着独特的作用而赢得人们的喜爱。

藤蔓及悬垂花卉以其柔美绰约的形态特征和别具一格的生长方式，较之别的植物有着无法代替的优点；有的攀援能力非凡，抗性强，能适应各种恶劣的环境，对裸露陡坡或山岩能大面积覆盖，起到良好的绿化效果；有的化叶娇艳，能在阳台上编织成缠绕的绿屏，为你的家居环境遮阳挡雨，添上无限的凉爽与惬意；有的繁花和硕果并存，在凉棚瓜架上营造出漫天的绿荫，给人们的生活内容增添了不少诗情画意。

我国的藤蔓与悬垂花卉种类有1000多种，足迹遍及大江南北，本书综述的多为人们在园林绿化，庭院美化及日常生活中常见的栽培品种，编写时力求通俗易懂，操作性和应用性相结合，读者在具体操作时，要注意因地制宜，适地应用，希望能对读者在工作中有所帮助。

本书是作者结合多年的工作实践和搜集到的国内外资料编写，

对所列品种的形态特征，栽培管理及繁殖技术分别予以介绍，限于作者水平，书中错漏或不妥之处在所难免，恳请广大读者和同行批评指正。

编著者
2003 年 11 月于广州

目　录

1 藤蔓花卉与悬垂花卉的特点

1.1 什么是藤蔓花卉和悬垂花卉

藤蔓花卉在园艺上又称为藤本花卉或攀援花卉，其中包括了茎枝缠绕、卷须攀援、气根和卷须、吸盘、吸附等方式向上攀爬的种类，有木质、草质藤本和攀援状灌木之分。

藤蔓花卉在园林绿化中是垂直绿化的主力军，具有占地少，绿化空间面积大，栽培管理容易，美化效果良好等优点，是城乡绿化不可缺少的植物之一。在炎热的夏天，由它们生长结织而成的藤廊、棚架和绿墙，为人们提供了一个降温纳凉的好地方，置身其中，在微风的吹拂之下，丝丝的凉意使人倍感舒适。

在园艺上，悬垂花卉包括了一些具有匍匐下垂茎枝的种类如虎耳草、吊竹梅和吊兰等；也有属于枝条柔软下垂的种类如矮牵牛、蔓性天竺葵、何氏凤仙、鲸鱼花和天门冬草等。此外，一些小型藤蔓植物也具有自然下垂的特点，如用吊盆或吊篮栽培会呈悬垂之状，通常也纳入悬垂花卉范围之内，如常春藤、合果芋、绿萝和球兰等。悬垂花卉大多数具有艳丽的花朵或多彩的叶色，少数还会结出累累的硕果，也有少部分为两者兼之；无论是观花、赏叶或品果皆适宜，它们已成为当今时尚的流行花卉之一。

1.2 藤蔓花卉和悬垂花卉的作用

种植藤蔓和悬垂花卉的作用，除了作为观赏和园林应用外，更多的是用于净化周围的空气和创造庭院良好的生态环境。据统计，种植了藤蔓花卉的空间，其夏季温度比没种植藤蔓花卉的空间降低了

10℃左右，并减少了悬浮于空气中的尘埃和细菌，对噪音起到了减轻甚至隔除的作用，成为了净化空气减轻噪音的绿色屏障，从而达到了改善周围环境条件的目的，更利于人们的生活和身心健康。

居室如果放置或吊挂了悬垂花卉，不但会起到室内环境的美化效果，也有益于缓解疲劳和提神醒脑。此外，一些悬垂花卉的品种还有净化室内空气的作用，常见的如吊兰。据科学家研究发现，它的叶片可吸收和过滤流入室内污浊的空气，能起到天然空气清新器的作用，尤其是在非典或流感横行的季节，在室内空气流通之处吊挂一些如吊兰、虎耳草之类的悬垂花卉，对减少传染性疾病的感染会大有帮助。

随着城市建设的发展，城区的范围不断扩大，农村城市化已成为趋势。在高楼林立的环境下，能因地制宜，充分利用有限的空间，亲手种植悬垂花卉作为绿化，营造庭院室内田园风光，对美化和改善居住环境，调节心情，减轻压力，其作用不可估量。

1.3　藤蔓花卉及悬垂花卉的应用

藤蔓和悬垂花卉的应用主要有园林绿化、观赏、食用和药用等几个方面。在传统上人们种植藤蔓和悬垂花卉，除了用于室内装饰或庭园遮阴纳凉之外，还利用其花、果、茎、叶来食用和入药。有的还可制作成盆景供欣赏和摆设，例如，葡萄、金银花、落葵薯、何首乌、紫藤、虎耳草、香豌豆、鸡蛋果和各种瓜类等。藤蔓花卉在我国应用已有2000多年的历史，著名的古籍《山海经》和《尔雅》书中就记有栽培紫藤的描述。同时，藤蔓花卉还是历代文人墨客喜欢描述的题材之一，绘画与诗词中留存的佳作不少，如唐代诗圣李白在一次云游途中，曾被棚架下的串串紫藤花所折服，不禁诗兴大发，写下了“紫藤挂云木，花蔓宜阳春。密叶隐哥鸟，香风流美人。”的诗篇存世，生动形象地描绘了紫藤的美态。此外，文豪白居易对美丽的凌霄花也赞誉不已，在《有木名凌霄》的诗中写道：“有木名凌霄，擢秀非孤标，偶依一株树，遂抽百尺条”。不仅写出凌霄向上生长的习性，也赞美了其凌云冲霄的进取精神与品性。

现代诗人严辰对漫天野生的牵牛花感叹不已，曾写下了《牵牛花》散文诗而名噪一时，谨录下与君共赏：“牵牛在野地里蔓延，/用自己的脚开辟着道路。/早晨，它张开粉红色的口，/向蓝天唱着无声的歌。/没有芳香，颜色又那样索淡，/它却有着它纯朴的美。/谁把它摘下，就立即枯萎，/它只惯在野地里自由生长。”

藤蔓和悬垂花卉在园林应用方面，主要划分为家居环境绿化和公共园林绿化两大类。其中家居环境绿化包括室内外、庭园、阳台、墙面、棚架等，而公共绿化包括生活小区、公园、街道和假山石壁等。

尽管藤蔓花卉和悬垂花卉在应用上有其相同的一面，如垂直绿化就是它们的共通点，所不同的是其应用的形式，即悬垂花卉主要是以向下吊垂的栽花器皿来栽植，而藤蔓花卉则利用其向上攀援生长的习性，利用各种支撑物让其攀附向上生长，通常以地栽为主，但亦有盆栽，主要是用于遮阴和居家内庭的观赏。

1.3.1 藤蔓花卉的应用形式

藤蔓花卉在园林绿化应用中，可利用个体种植或多种混植的方法进行，充分利用藤蔓花卉的形状，色彩和线条来营造出藤蔓棚架的优美景观。这种景观通常要依靠攀附物来完成，在园艺上，依照其不同的应用形式，有下列几种：

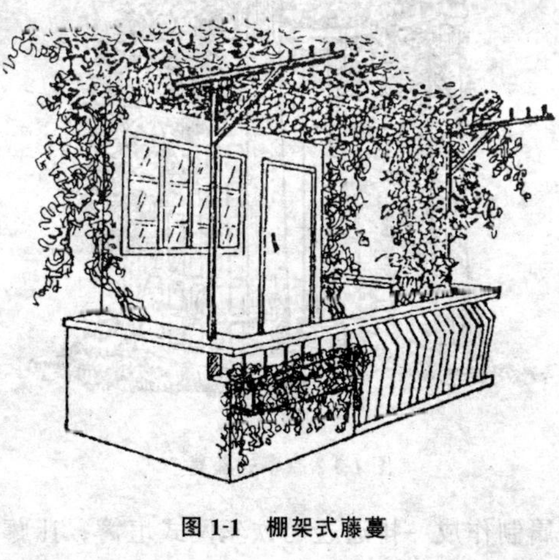

图 1-1 棚架式藤蔓

图 1-2 附壁式藤蔓

图 1-3 凉亭式藤蔓

棚架式 最常用的应用形式。通常可用竹木或金属来构筑，藤蔓花卉依柱而上，到达棚架顶部后再横向生长，在较短的时间内逐渐长满全棚，从而产生浓荫密闭的效果，为在棚架下的人们创造了一个荫凉的空间环境（图 1-1）。

附壁式 通常是用一些卷须具有吸盘的种类，如爬山虎，或具有气根吸附于壁面的种类，如凌霄、常春藤等，以住宅楼的墙壁或假山石壁为附助体向上攀爬，直至布满全壁，产生所谓具有生态景观的“绿墙”或“绿屋”的效果（图 1-2）。

凉亭式 将棚架制作成各类凉亭外形，任由某种藤蔓花卉攀援生长，直到藤蔓长满亭顶，营造出一个名符其实的植物凉亭（图 1-3）。

垣篱式 用竹木或金属制作成一排通透的铁丝网式垣篱，让藤蔓枝叶攀援其上，生长密集后产生成一个藤蔓垣篱，起到阻挡和装饰的作用（图 1-4）。

立柱式 多用于盆栽小型藤蔓花卉的应用形式，通常是用竹木棒或蛇木柱按所需形状制成各种立柱，使植株用卷须或茎缠绕向上生长，从而产生藤蔓立柱的效果，是不少宾馆、写字楼或大公司用于厅堂布置或室内装饰的理想绿化材料（图 1-5）。

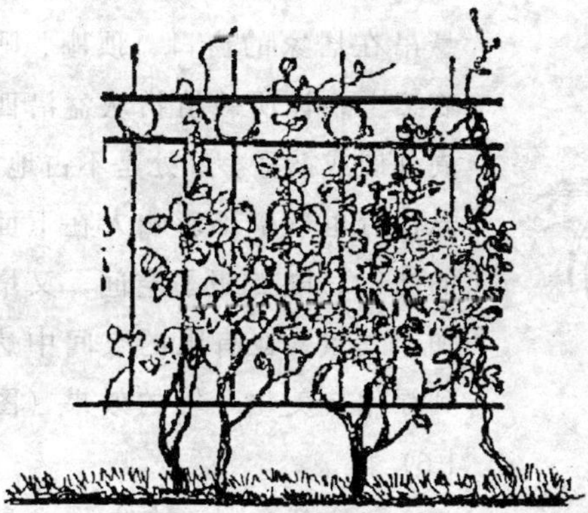

图 1-4 垣篱式藤蔓

图 1-5 立柱式藤蔓

1.3.2 悬垂花卉的应用形式

悬垂花卉以其姿态优美飘逸著称，在居室的阳台或窗台上，均适宜一展其芳容，营造出轻松、舒畅的绿色氛围，常被人们誉称为“天地之间流动的绿色小精灵”。悬垂花卉具有净化空气、吸收有害气体的实用功能，在环境布置时灵活、轻巧，可随意变动所在的位置，时常替换更新，尤如一幅立体的画，十分迎合一些标新立异的人士需求。除在园林绿化，城市造景上大有作为外，在私人庭园或家居装饰中也有着广阔的前景。

悬垂花卉由于具有各种不同的展示形式，故在应用上可分为悬吊式、吊箱式、壁挂式或几架式等。这类花卉的花盆一部分可在园艺花店购买，也可按环境所需自行设计与制作。

图 1-6　悬吊式花卉

悬吊式　多用塑胶吊盆种上植物后用吊钩悬挂起来的一种形式。也可用各种不同的材料制成各式吊篮或吊盆，其形状、大小各异因环境而定，栽入具有悬垂性能的花卉植物，悬吊在居家的窗口、顶棚、晒衣架上，让所栽植物从盆沿四周外展或披垂。好处是不占地，悬挂后也丝毫不影响人在下面的活动，既点缀了空间，又增加了气氛，在有限的空间中达到绿化与美化环境的效果（图 1-6）。

要注意的是，在操作中悬吊载体必须轻盈，吊钩要牢固，使它悬在空中随风摇曳时，也能够确保安全。吊篮或吊盆下应配有接水托盆，施肥或浇水后尽量使肥液不外滴。

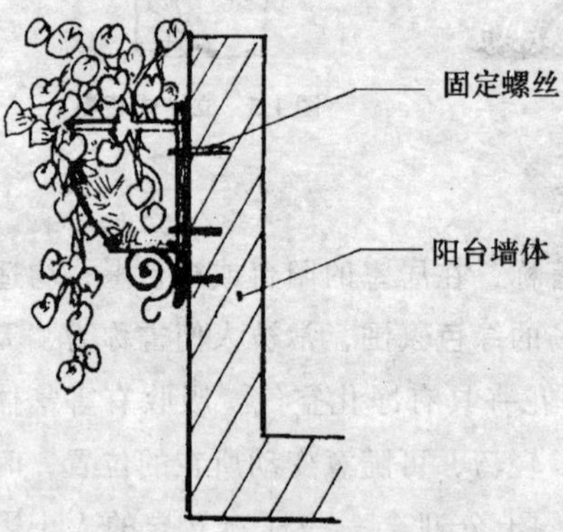

图 1-7　吊箱式藤蔓

吊箱式　用木质、塑料或铁质等材料制成花箱，然后将花箱固定于居室阳台或窗台上。这种形式的花箱适合制成长方形或侧身形，一般是与窗台或阳台长度相等或稍短些为佳，内置疏松质轻的花卉营养土，所栽花卉以粗生耐旱的蔓性或下垂的品种为好（图 1-7）。

壁挂式 用各式材料或粗铁丝制成的半圆形壁盆或壁篮，里面嵌入防漏水的塑料盆，选用保水性能好的材料。栽上你所喜爱的观叶或观花的悬垂花卉，然后固定在庭园的门扉、立柱、围墙等需绿化的地方。操作时要使盆壁与墙面紧贴牢固，直挺不要前倾，以免影响美观。要注意的是：壁挂的质地及植物的花色应与壁面的色彩有对比，要求不对称、不整齐排列的摆设，色彩上略有反差又注意协调性，作为墙体装饰上的一个组成部分，悬垂植物的线条应优美多变，使人视觉上有种亮丽的美感（图 1-8）。

图 1-8 壁挂式藤蔓

几架式 在室内外或在庭园的树荫下，根据环境设计制作一些简便的网架、带艺术造型的金属或木质几架及藤架，用于悬挂或放置垂吊花卉。也可设计些伸缩自如的活动花架，它可以根据盆花的大小与数量，为家居营造出一个立体式的悬垂花卉世界，精美的几架可制作成塔型，动物型和亭榭型等，以突出自然景观为主，使之富有自然情趣及层次感（图 1-9）。

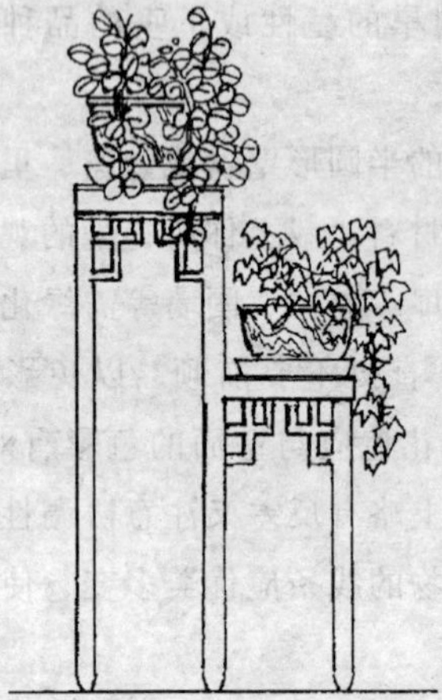

图 1-9　几架式藤蔓

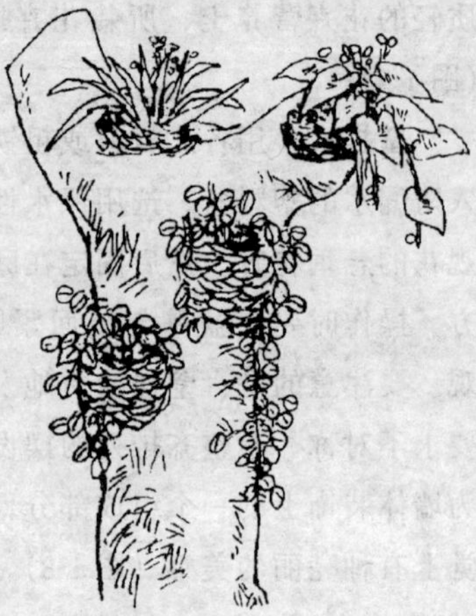

图 1-10　镶嵌式藤蔓

镶嵌式　在居室内外的墙壁立面及枯树上选择适宜的位置，镶嵌上特制的半圆形花盆、瓶、篮和斗等造型别致的容器，栽上一些别具特色的垂吊植物，以达到装饰目的。或在立柱上设计制作不同形状的洞穴，摆放或栽植一些下垂或横生的耐荫植物和相关的饰物，形成具有图腾式或壁画般的生动活泼的效果。这种布置方式的特点是少占地面，利用纵向的空间配置装饰植物，这对一般居室狭窄的家庭来说较为适用（图 1-10）。

1.3.3　藤蔓与悬垂花卉的食用与药用价值

悬垂和藤蔓花卉的食用价值以后者为主，它们通常以甜美多汁的果实或可作蔬菜煮食的瓜果类而早为人们所熟悉。少数种类的叶还可作蔬菜炒食或药用，具有观赏与应用的双重功效。

可作水果生食的种类有：葡萄、猕猴桃等。

作菜蔬煮食的有：小南瓜、水瓜、蛇瓜、葫芦瓜、香豌豆嫩荚果和嫩叶，落葵薯叶与嫩茎、夜来香的花和紫藤的嫩叶与花。

可制作果汁的种类有：鸡蛋果、葡萄、猕猴桃。

榨汁制成凉粉的种类有：薜荔果。

除制作葡萄酒较需技巧外，它们的烹饪和制作方法都简单易行，一般家居均能做到。

藤蔓和悬垂花卉的大多数种类均有药用价值，它们的药效应用在我国具有悠久的传统历史，在各地的民间流传也较广泛，不少种类还被记载于一些专业的中草药药书中，现将常见的药用花卉辑录如下，以供参考，或许在种植观赏它们之余，能为你解除疾病的苦痛而受益良多。

藤蔓花卉的药用功效

常春藤—茎、叶和果实均可入药，有祛风活血和消肿之功效，鲜品捣烂治关节酸痛和痈肿疮毒。

凌霄—叶、茎和花均可入药，有泻血热破血瘀的作用，用其花晒干研末，加酒饮用可止便血，去身痒，妇女月经不调与癫痫。

紫藤—根和种子药用，水煎服可治腹痛和痛风等症。

木香花—花晒干入药，有活血散瘀的作用，与它药配用煎服治内伤咳血。

金银花—花、茎和叶均可入药，有清热解毒和消炎之功效，煎服可治感冒发热，细菌性痢疾和上呼吸道炎等症。

薜荔—全草入药，有祛风除湿，活血通络、补肾和通乳的作用。

络石—全草入药，水煎服可治风寒感冒，关节疼痛等疾病。

牵牛—其种子药用治肾炎水肿，肝硬化腹水，虫积腹痛，并有泻湿热和通利大小便之功效。

茑萝—全草入药，可治感冒发热、神经衰弱和痈疮肿毒。

使君子—其种子入药，有杀虫消积的功效，煎汤内服可驱蛔虫、蛲虫等体内寄生虫；种仁伴香油嚼食可治面疮。

何首乌—根、叶、茎均可药用，有补肝益肾的作用，水煎内服可乌发；干叶研粉可止血；鲜叶煎水外洗治疗疥癣，并有止痒作用。

五爪金龙—用花来煎汤，调入蜂蜜服用可治咯血。

九重葛—根、茎、叶均可入药，煎服有调和气血的作用，主治妇女月经不调。

啤酒花—花序煎服有健胃消食，利尿安神的作用。主治消化不良，腹胀水肿，膀胱炎、肺结核和失眠。

吊垂花卉的药用功效

虎耳草—全草鲜品榨汁滴治中耳炎；水煎服可治风火牙痛，皮肤瘙痒；加冰糖煎服，治百日咳和肺热咳嗽；用鲜叶捣烂敷治冻疮，有活血，消肿散瘀之功效。

吊竹梅—与猪肺煲汤服用治咳血；鲜枝叶煎水于饭前服用治淋病；与白米 100g 共炒成炭状食用治痢疾。

绿萝—用鲜茎叶捣烂敷患处治疮毒肿痛。

吊兰—全草煎服治肺热咳嗽，清热和耳痛；全草晒干后研粉，泡酒服用可治内伤咳血等。

矮牵牛—种子配它药应用可有杀虫泻火之效。

蔓性天竺葵—全草味苦性凉，煎服可清热解毒和消炎的作用。

美女樱—全草入药，医治咽喉炎和乳腺炎。

三色堇—全草煎服可治呼吸道炎、哮喘和咳嗽。

金莲花—全草煎服有清热解毒和凉血消炎的效果。

松叶牡丹—全草药用，可治感冒；茎叶捣烂敷治烧烫伤。

长春花—全草含抗癌成分长春花碱，提取物可治白血病。

天门冬—肉质块根煎水饮服可治咳嗽、疝气痛和咯血。

肾蕨—球状块根煎服可治肠炎腹泻、咳嗽、感冒发热和小儿疳积。

2 常见藤蔓花卉

在园艺上，藤蔓花卉又称藤本花卉，它们可以细分为攀援藤本、攀墙藤本两大类。其中攀援藤本又可划分为木质藤本和草质藤本，前者多用于棚架绿化，而后者多用竹竿扶持作为盆栽观赏之用，少数亦用于棚架与墙面绿化。

紫 藤 *Wisteria sinensis*

蝶形花科，落叶蔓性藤本，又名朱藤或藤萝，原产于我国和日本，很早就被作为庭院绿化植物引入栽培。早在2000多年前，《山海经》《尔雅》书中就有了关于紫藤的记载，至今古紫藤现存的有多株，如苏州拙政园有明代的古紫藤；江阴中山公园有北宋的千年紫藤和北京中山公园的数百年前的老紫藤等。

紫藤在我国南北各地均有栽培，尤以华中、华东和华北最盛，华南地区温度较高，紫藤植株得不到充分的休眠，生长和开花均稍逊，故在此地并不十分普遍。紫藤的藤茎通常有灰白色浅纵裂的外皮，并有长形的皮孔，单数羽状复叶对生，有小叶7～10枚，卵形或卵状披针形，先端渐尖，基部圆形或宽楔形，嫩叶有毛，老叶无毛。总状花序侧生，下垂，由许多紫色的蝶形花组成（图2-1）。花期在4～5月，通常在新叶出现不久开花，花后结扁刀状荚果，种子扁圆形，于10～11月成熟，除开紫花的常见品种外，

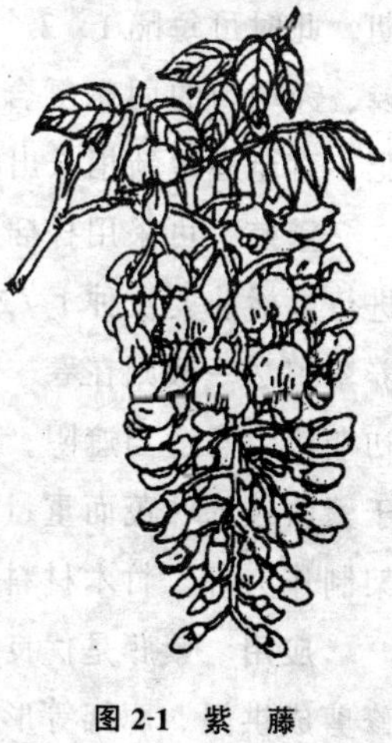

图2-1 紫 藤

尚有栽培种白花紫藤（*Wisteria venusta*），株型低矮的矮生紫藤（cv. Nana）和原产于日本的多花紫藤（*Wisteria floribunda*）等品种。

土壤 要求不严，只要是排水良好的沙质土均适宜。栽培时要施足基肥，以利于深根性的主根向下延伸，并能获取足够的肥料供给其生长所需。

光照 要求在全日照的环境下生长，较多的阳光照射对其生长越好，日照不足时，藤茎会徒长软弱、不开花或花朵小而色淡。冬季落叶休眠，盆栽的植株在落叶后仍需要置于光线充足之处，以满足其正常休眠的光照所需。

温度 全年的生长适温在15～25℃之间，温度过高会对生长不利，华南在夏季的温度常常超过35℃，此时会对紫藤植株产生暂时性影响，故需要作遮阴、降温的处理。冬季的寒冷刺激是其开花的必备条件之一，在0℃左右的低温作用下经历1个月以上，会对春暖花开极有帮助。

水肥管理 喜湿润亦忌涝积，滞水极易造成烂根而死亡。故生长期内要注意防水浸，一旦发现要立刻疏通。春至秋季是生长的旺盛期，此时可每隔1～2个月用腐熟的豆饼、油粕水浇施1次，或用氮、磷、钾均匀的固态复合肥撒于植株周边即可。冬季落叶后要暂停施肥，直至春暖新梢长出时才恢复。

繁殖 可采用扦插、播种和空中压条等方法。播种在每年的早春进行，播前要浸种1～2天，再进行点播。至于扦插和空中压条的营养繁殖法一般则在春季进行。不管是实生苗、空中压条与扦插，移苗初期应注意适当遮阴，并要用竹竿牵引，以利于其缠绕向上生长。由于紫藤枝繁叶茂而重量大，搭棚的材料要坚实耐用，以钢筋或水泥框架制作为好。竹木材料时间长会变朽腐烂，因此最好不用。

应用 紫藤是优良的垂直绿化和制作盆景的好材料，还可以将其修剪成拱门、廊架等形状植于草坪之中作点缀。除嫩叶和花可食用

外，种子还可入药和榨油，

蝶　豆 *Clitoria ternatea*

蝶形花科，一年生藤蔓花卉，又名蝴蝶花豆。原产于东南亚热带地区，在我国华南、海南和台湾等地已逸为野生，多见于路旁草丛中或攀援于小树上。若土质肥沃，几乎常年都见开花，花朵盛放时尤似纷飞的蝴蝶，十分美丽可观。

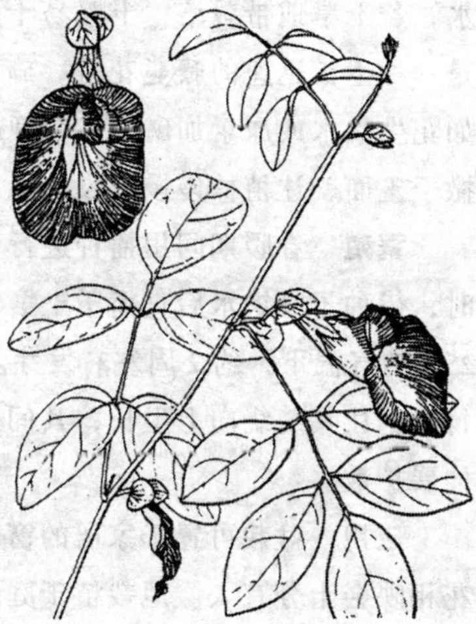

图 2-2　蝶　豆

叶互生，为奇数羽状复叶，由 5～7 片卵形或椭圆形的小叶共组。花在春至秋季开放，花冠宽大，紫色花内显有多条白色条纹，中心部分白色，花朵生于叶腋间（图 2-2），除单瓣的常见品种外，尚有重瓣的品种称之为重瓣蝶豆（cv. Plenus），其特点是花较大，具有重瓣的花冠。

土壤　通常盆栽以竹竿让其攀援供观赏之用，盆土宜用排水良好的沙质壤土，亦可用塘泥或花店出售的花卉培养土。种植前要施足基肥，以利于植株后期的快速生长所需。

光照　要求在全日照的环境下生长，充足的阳光才能使植株生长旺盛，阳光不足植株易徒长，只长叶而不开花，每天以照射 5～8 小时阳光为好。户内应放置在向南的窗台，以利于植株获得足够的阳光。

温度　蝶豆是一种热带的植物，喜欢温暖湿润，全年的适温在 20～35℃之间，植株开花结籽后，会逐渐落叶枯萎而自然死亡，此时可采下成熟的种子，待来年春暖时再作播种。

水肥管理　地栽苗如地下水位高，土壤湿度充足可无需特意浇水，若干旱地带栽培，土壤易干燥时，就要每天浇水1～2次。蝶豆是一种生长迅速的藤蔓花卉，施肥宜每月2～3次，用腐熟的有机肥如花生麸水或尿素加磷酸二氢钾、花宝等；也可以每月用固态复合肥撒于土面，让植株慢慢吸收。

繁殖　春暖期间用播种进行育苗，播前用温水浸种约7～10个小时，待种子吸饱水后直播于土壤之中，覆土约6cm，浇透水。在20～25℃的气温下，约2周左右发芽。当小苗长至20～25 cm高时要架设竹枝，让其缠绕向上生长，其间要进行摘心1～2次，以利于其枝叶伸展扩散。

应用　盆栽可置于家居的窗台上，让其攀援于网架上，绿叶与紫花相映会十分宜人。地栽植于庭园的凉棚下或篱笆旁作景观绿化，让藤蔓自然地随意攀爬，很容易产生类似田园野趣的效果。

香豌豆 *Lathyrus odorathus*

蝶形花科，一年生藤蔓草本花卉，又名花豌豆或麝香豌豆。它与常见的食用豌豆为同宗兄弟，但花色艳丽，富有芳香而被广泛栽培供观赏。香豌豆原产于意大利的西西里岛，在我国的北方和华东各地均有栽培，主要用于盆栽和花架绿化。

图 2-3　香豌豆

香豌豆的茎枝柔软，顶端长有卷须。以卷须抓物向上攀援，生长高达2m以上，叶互生，由多片翠绿色的卵形小叶共组。花期为冬至春夏季，总状花序，花蝶形，1～3朵抽出叶面，腋生，品种较多。花色有红、紫、粉红、白等，花朵有强烈香气，是闻香与观花的美丽藤蔓花卉（图2-3）。另有香豌豆的矮生种，可培育成花篮式或立柱型的盆栽，十分适宜置于室内近窗处摆设观赏。

土壤 以田园壤土或沙质土最好，只要排水和保水性良好即可。栽植前要施足基肥，以利于日后植株快速生长所需。

光照 需要在阳光充足的环境下生长，每天需要照射阳光约7个小时，如果生长环境光照不足，植株会徒长衰弱，开出的花小而颜色晦暗，而且容易滋生病虫害，使观赏价值大减。因此，栽培宜选在光线充足的窗台旁，并设网架让其攀援，方便植株能获取充足的阳光。

温度 全年的生长适温应在10～25℃之间，气温在30℃以上时生长就会变得缓慢，酷热之下常会导致植株死亡，安全的度夏温度应在20℃左右。

水肥管理 香豌豆是一种生长迅速而十分耗水的植物，尤其是春夏季生长旺盛期间，植株一旦缺水就会立刻萎蔫下垂，因此，浇水宜每天1～2次，尤其是盆栽者，浇水以浇至盆底有水淌出为止。施肥可用稀释的农家肥或复合花肥，稀释1000倍水液后直接施于土壤中，每15天1次，直到开花期结束为止。注意的是，开花期浇水不宜太多过湿，否则花蕾易于脱落。

繁殖 宜在秋凉后进行播种，为深根性植物，不耐移植，故以直播为宜。先将种子浸水1天，然后把吸饱水的种子播入土中约5cm深，保持好土质潮湿，10天左右便能长出子叶，待小苗长至4～5节茎叶时可摘心1次。并立支架让其攀援，直至长满网架为止。

应用 盆栽多置于窗前或网架上让植株攀援绿化观赏，每当盛花时节，拂面的香气十分宜人。也可选多个花色品种一起种植于庭园围栏周边让其攀爬，盛花时节形成五彩缤纷的花篱景观，甚为艳丽悦目。香豌豆的嫩茎叶可作菜食用，味道如普通的豌豆苗。

凌　霄 *Campsis grandiflora*

紫葳科，落叶木质藤本，原产于我国华东、华北和中南地区，是棚架绿化较理想的观花类藤蔓植物。早在2000多年前就有先人栽培，历代的文人墨客都有留下许多赞美凌霄的诗句，如宋代诗人陆游写的《凌霄》诗："庭中青松四无邻，凌霄百尺依松身。高花风堕赤玉盏，老蔓烟湿苍龙鳞"，就别具特色，十分生动地描述了凌霄的生态和习性所在。

图 2-4　凌霄

凌霄的茎木质，通常长有气根并借助其攀附墙壁或山石向上生长，茎枝长可达十余米，叶对生，奇数羽状复叶，由7～9片卵形或卵状披针形的小叶组成，小叶边缘具齿，绿色，两面光滑无毛，冬季落叶呈休眠状。花期在7～9月间，聚伞花序或圆锥花序生于茎顶，由多朵漏斗状钟形的大花组成，5裂花冠桔红色（图 2-4）。蒴果豆荚状，种子扁平，果于10月成熟并开裂，能自然散出种子，有自播行为。

土壤　要求排水良好的砂质壤土，尤以富含有机腐殖质者为佳，地栽时最好在土中埋入已腐熟的花生麸或油粕作为基肥，以利于植株后期生长所需。

光照　性喜光照充足，过荫环境下的植株只会长叶而少开花。由于其植株要攀附于墙壁生长，为便于多获得阳光照射，最好选择南向的一面作为攀附的方向，这样每天至少可多得2～3小时的阳光，对植株的开花会十分有利。

温度　喜高温多湿环境，全年生长适温约20～30℃之间，冬季植株需要在0℃左右的低温下经历2～3个月，才能利于花芽分化和营养物质的转化，为来年的茎叶生长和开花所需积蓄能量。

水肥管理 凌霄植株喜肥，栽培时除施足基肥外，生长旺盛期应每月追肥1次，用腐熟的有机肥或花肥兑800倍水溶液浇灌于土壤中。冬季休眠期则暂停施肥，直至春暖展叶时才恢复。浇水视天气而定，如数周无雨，可考虑适当浇水以补足水分，防止由于土质过干而使枝叶萎蔫并黄化脱落。

繁殖 用扦插和压条繁殖，播种极少采用。扦插繁殖选择中熟健壮的枝条较适用，以2~3个茎节为一段，剪断后插于沙床中，保持较高湿度，约1~2个月后可生根长芽，待插条长出3~4节藤茎时可移栽定植。扦插工作在早春新芽未萌发时进行为好，一般可结合修剪工作一并进行操作。

应用 在园林上多用于墙面和棚架绿化，由于花大，色泽艳丽和较长的花期，且生性强健，是北方庭园中较常用的藤蔓花卉，常植于庭园墙根或大树旁，使其能利用气根攀附向上生长。应注意的是，凌霄在开花之际会散出花粉，如不小心入眼，会引起眼睛不适。因此，当看花或闻花时切勿让花粉扑面，一旦入眼要立即用清水冲洗，以免使眼睛发红。此外，原产北美洲的美国凌霄也常见在园林上应用，其栽培方法与中国凌霄大同小异。

炮仗花 *Pyrostegia ignea*

紫葳科，常绿木质藤本，由于其花形似炮竹而得名。它原产于南美洲的巴西和巴拉圭等地，很早就引入我国华南地区栽培，是一种美丽的观花藤蔓花卉，主要以地栽作为棚架绿化之用。

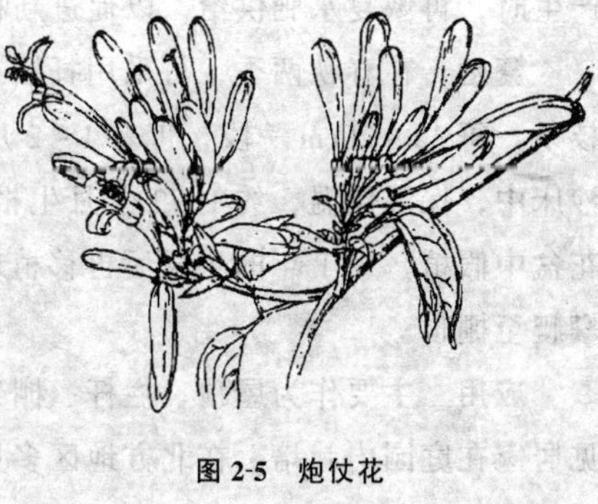

图2-5 炮仗花

茎枝柔软，茎附有三叉状的卷须善向上攀爬，具有较强的蔓延扩展力，叶对生，由3～5片的小叶组成奇数羽状复叶，小叶卵形。花期春季，聚伞花序生于叶腋间，由密集的长管状喇叭花共同组成，花冠橙红色，盛开时花多叶小，辉煌而耀眼，气势十分宏伟亮丽（图2-5）。

土壤 以排水良好富含有机质的壤土或塘泥较好，幼株定植前宜先预埋入腐熟有机肥作基肥，以利于植株后期繁茂生长所需。

光照 要求在充足的阳光下生长，日照充足，植株枝繁叶茂，开花多而密，花色艳丽；日照不足，植株只长叶而不开花，成为年年无花开的绿叶藤本。

温度 属热带藤蔓花卉，全年要求生长适温在20～30℃之间。冬季要维持在10℃以上，否则易产生寒害，导致枝叶黄萎并脱落，严重者在极端低温下会冻死。因此，北方宜在温室内栽培才能生长良好。炮仗花在华南热带地区生长良好，每年都开花不绝，但在稍偏北的寒冷地区栽培，秋季气温较低，不利于炮仗花的生长，花芽分化不良，从而极少能自然开花。

水肥管理 好水喜肥，栽培地宜选地下水位较高的地方，地栽除数周无雨时要适当浇水外，平时无需浇水。盆栽可1～2天浇水1次，以保证土壤湿润。施肥每隔1～2个月1次，用磷酸二氢钾加少量尿素兑水1000倍液浇灌，直至开花期间才暂停，待到花朵凋谢和新芽产生时，再恢复水肥供给，以促进新枝的萌发。

繁殖 在春秋两季，可采用扦插或空中压条的方法。剪取健壮的枝条，每15～20cm一段，带有1～2片半叶，其余剪除。然后斜插于沙床中，保湿保温，约1～2个月生根长叶。幼苗要先从沙床中移入花盆中假植，经1年的生长后再移植地上，定植后宜用竹枝让其向上攀爬至棚顶。

应用 主要作为屋顶、栏杆、棚架与花廊等绿化，在华南地区常见居家在庭园内栽培。在北方地区多见于植物园或公园的温室内，作为奇花异卉栽培供人们参观和欣赏。

蒜香藤 ***Pseudocalymma alliaceum***

紫葳科，常绿木质藤本，由于其花紫色，又名紫铃藤，原产于哥伦比亚与西印度群岛等地，现热带地区广植作为棚架绿化应用。蒜香藤之名自于其叶揉烂会散发出浓烈的大蒜味道而来，是一种花团锦簇的美丽藤蔓花卉。

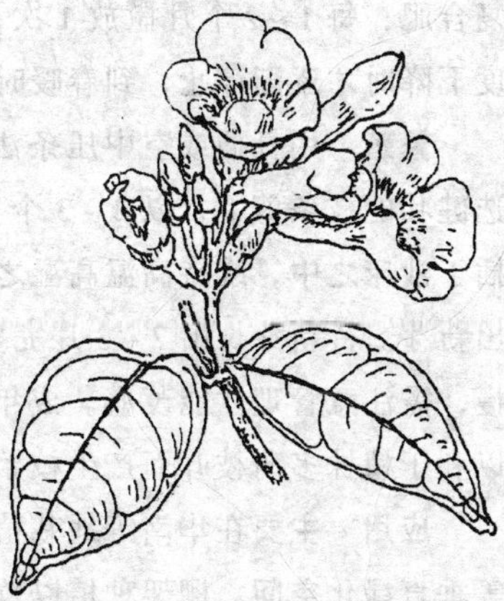

图 2-6　蒜香藤

蒜香藤具有抓附它物向上攀援的卷须，叶片通常为二出复叶，小叶片卵圆或椭圆形，质较厚，全缘，深绿色。花期在 10～11 月为盛，聚伞花序生于叶腋，每串花枝由多达 10 多朵的喇叭筒状花共同组成。花色初时深紫，后渐变为粉红或淡紫，花瓣揉烂亦会散发出大蒜的味道（图 2-6）。

土壤　以砂质壤土为宜，土质带微酸性为佳，排水应良好，积水地的根茎容易导致腐烂。栽培时应施足基肥，以利于植株后期快速生长所需。

光照　要求阳光充足，在全日照下生长良好。过荫的环境会使植株纤弱徒长，并容易滋生病虫害，不开花或只开少量的花，影响观赏价值。

温度　原产热带美洲，对寒冷的温度十分敏感，一不小心使植株受冻，会导致花、叶尽落而造成光藤一条。全年的生长适温在 20～30℃之间，冬季安全的越冬温度应在 10℃以上。华中、华东和华北等地冬季有霜雪之地，要在温室内栽培；华南地区可露地栽培并越冬，极端低温时会偶落部分叶片，来年春暖又会长出新叶和开花，对正常生长发育影响不大。

水肥管理　春夏季节是生长旺盛期，不管其为地栽或盆栽，水肥管理应充足。盆栽浇水宜每天 1～2 次，施肥可用 3 要素均匀的固态复合肥，每 1～2 个月撒放 1 次，也可用有机液肥浇灌，直至冬季温度下降时才逐渐停止，到春暖时再恢复。

繁殖　用扦插或空中压条法，最好在春至秋季结合修剪时进行。选健壮的枝条剪下，以 2～3 个茎节为 1 段，将叶片全部剪半，然后插于沙床之中，维持高温高湿之状，1 个月左右便生根并在叶腋处长出新芽。待新芽长出 2～3 片完整的小叶时可移栽，小苗初时生长较慢，需注意管理才能茂盛。成年的植株在每年春节期间应修剪 1 次，以利于植株多萌枝叶而产生枝繁叶茂的效果。

应用　主要在华南等地栽植，适用于花廊、草坪和天台花园绿篱等垂直绿化空间。棚架种植以竹竿牵引使植株向上生长，直至长满棚顶为止。此外，叶和花揉烂后产生的蒜香味对某些人适宜，有提神醒脑的功效。

猫爪藤 *Macfadyena unguis－cati*

图 2-7　猫爪藤

紫葳科，多年生常绿蔓性藤本，原产于危地马拉和阿根廷等国。很早就引入我国栽培，如厦门的鼓浪屿在上世纪初就由一些外国驻华使节携入栽培。由于其粗生快长，蔓延力强，地下有难除的块茎，以致在岛上泛滥成灾，铺天盖地将一些树冠和地面覆盖，成为一种难除的“杂草”，使要根除它的人头痛不已。其实，猫爪藤是一种极佳的墙面或棚架藤蔓花卉，枝条纤细并长有用于附紧墙壁或石隙向上攀爬的3叉状卷须。其叶为2出复状叶，对生，小叶阔披针形或长卵形，叶边全缘或波状。花大，长筒喇叭状，黄色，花期为夏季（图2-7）。

土壤 要求不严，可直接用山泥或园土栽种，如果在栽培时在土壤中施足基肥对其后期生长会更好。

光照 性喜阳光照射，亦耐半阴。生长环境需阳光充足，叶片较小且开花多而大；如果环境较阴，叶片会相对较大，只长枝叶而少开花，作为阴廊、棚架的藤蔓植物倒也十分适宜。

温度 喜温暖，全年的生长适温在20～30℃之间。冬季最低越冬温度降至6℃左右时，它会落掉叶片，直至春暖期又长出新枝叶，由常绿变为暂时性落叶藤本，即使地上部分被冻死，留于地下茎在来年春暖时又会长出新枝。

繁殖 在春秋两季用扦插法进行育苗，选取粗壮的枝条，每2～3个茎节为一段，剪去叶片后插入沙床之中，约1个月便发根长芽，待小苗长至20cm时可移植栽种。

水肥管理 猫爪藤耐旱性强，即使1个月无雨水滋润，它亦会生长自如，不会产生缺水萎蔫的现象，这与其地下具有贮水的块茎有关。相反，浇水过多，排水不良会容易导致地下根茎腐烂。施肥可在春至秋季生长旺盛期进行，每隔1～3个月用固态复合肥撒于土面让植株吸收即可。冬季寒冷期植株生长缓慢，此时则要暂停施肥或少施肥。

应用 猫爪藤以具钩状的卷须抓牢墙隙或石缝向上攀援，在园林上主要用来作墙面和石山的绿化，尤其适用于高速路旁坡面的绿化，亦可作为居家庭园的荫棚或花架攀爬的垂直绿化。

金银花 *Lonicera japonica*

忍冬科，常绿木质藤本，由于其花具有白、黄两色而得名金银花，又名忍冬藤、鸳鸯藤。人工引种初期多作药用植物栽培，采收嫩花作为中药材应用，后被人们作为棚架绿化藤蔓花卉，清代诗人王夫之就曾赋五律诗一首："金虎胎含素，黄银瑞出云。参差随意染，深浅一香薰"。将可用来薰茶的金银花喻作花中的名卉而赞之。

图 2-8　金银花

金银花以茎缠绕向上攀援，具有麻色的老藤茎，叶片对生，椭圆形，绿色，边全缘。其花腋生成对，花冠唇形，长如金钗，初开时白色，后逐渐变为金黄，花期夏至秋季（图 2-8）。

土壤　不拘土质，可用山泥或腐叶土，盆栽亦可用普通的花卉培养土栽植。

光照　全日照或半日照均能适应，光照充足时植株枝繁叶茂，花开得多，光照不足，植株长叶而少开花，只能作为较好的遮阴藤蔓栽培使用。每年早春宜修剪整枝 1 次，将萎黄的枝条和老弱的藤茎剪除，让新枝多获得光照，会有利于枝叶更新开花。

温度　耐寒力强，也具有良好的耐热性，全年的生长适温在 15～30℃之间，冬季可耐 0℃以上的低温，是南北气候均宜种植的藤蔓花卉。

水肥管理　生性强健，如果水肥充足，生长较快而开花早，盆栽宜在早春至秋季生长旺盛期每天浇水 1～2 次。施肥视季节而定，除冬季外，通常每季用固态复合肥或稀释 1000 倍的有机肥液追施 1 次，以利于植株长叶及开花所需。冬季气温低，植株生长迟缓或停滞，此时可减少浇水和暂停施肥，直至春暖到来，植株长出新芽时再恢复日常管理。

繁殖　扦插或采用空中压条。扦插繁殖所产生的小苗由栽培至开花要经历 3～5 年的时间，而空中压条者约 1 年左右植株就能达到开花的目的。播种育苗极少采用，因实生苗至开花需时更长，不管用何种方法，繁殖适期在春季为好。

应用 金银花是药用和园林绿化相得益彰的藤蔓花卉。除了可作绿化棚架、花廊和垣篱之外，每当花开之时，采收金银两色的鲜花，晒干后可用来薰茶。具有清热解毒，生津止渴的功效，对各种诱发上呼吸道感染的细菌和病毒有杀灭的作用。在举国抗击“非典”的大战中，曾作为主要的中草药材在预防茶水中，显示出了其独特的药用功效。

使君子 *Quisqualis indica*

使君子科，落叶木质藤本，主要在华南地区栽培，由于其枝繁叶茂，遮阴率高而广为应用。它原产于亚洲热带地区，在华南地区一些地方已逸为野生，是一种粗生快长的藤蔓花卉。

图 2-9 使君子

藤茎木质，老茎节外生有枝刺，使人摸之棘手。叶对生或近对生，倒卵状椭圆形，先端钝，其后部圆形。穗状花序由多朵长管状的 5 瓣花组成，花期夏季，初开时粉红偏白色，后渐变为深红色，悬垂于枝叶丛中，十分美丽。其果呈榄核形，是著名的传统中药材，有驱除人体内蛔虫的功效，果熟期在冬季（图 2-9）。

土壤 以肥沃的沙质壤土或塘泥为宜，排水需良好，忌积水，一旦涝积，就会出现烂根而导致落叶，严重时会使全株死亡。

光照 要求良好的光照，具有较强的耐荫力，但过荫会导致植株叶大枝多，只长叶而不开花，使藤蔓仅作遮阴之用而达不到观花的效果。通常以每天不少于 5 小时的阳光照射才能有效地积累出开花物质，从而诱导花芽分化而开花。

温度　性喜高温，全年的生长适温在20～35℃左右。冬季会落叶而休眠，可耐2℃左右的低温，但如果低温期持续时间过长，亦会容易使植株产生寒害，北方地区栽培，冬季要将其置于温室中，才能保证安全越冬。

水肥管理　使君子枝叶繁茂，叶片大而耗水需肥量多。盆栽或天台花槽栽植，宜每天浇水1次，冬季休眠期间可减少至每20天浇1次水，只维持土壤稍湿即可。施肥在生长季节每隔2个月用固态复合肥或有机肥兑水800倍液追肥1次，直至冬季落叶时才暂停。

繁殖　用播种、扦插与压条等方法。播种宜用直播，用花盆盛土后埋入种子并浇透水即可，约15～20天发芽，待小苗长至20cm高时再移苗定植；扦插和压条繁殖可在春至夏季进行，插条宜在早春植株未长芽前选取中熟健壮枝条，以20cm一段，插入沙床之中，浇水后盖上塑料薄膜保湿，约30～40天即能发根长芽，待根群成丛时可移植。

应用　使君子十分适宜用作棚架、藤廊、拱门、围篱等垂直绿化，特别是作为遮阴棚架应用时，茂密的枝叶可产生浓荫密闭的效果，遮阴率可达90%以上。

大花老鸦嘴 *Thunbergia grandiflora*

爵床科，常绿木质大藤本，又名大邓伯花，大花山牵牛。原产于亚热带地区，我国的华南、西南等热带和亚热带地区亦有分布，多生于山野间的杂木林中，善攀于其他大树上招摇作秀。人工栽培主要用于棚架绿化，具有生长快，遮阴率高且见效快等特点，是适用于华南地区栽培的观花类藤蔓植物。

大花老鸦嘴具有浓郁密闭的藤茎和枝叶，茎长，多呈方形，叶对生，广心形或阔卵形，叶缘具有角状浅裂，形如瓜类的叶片。花大，常成串吊垂于叶丛之间，紫蓝色，喇叭状，盛开时气势宏伟，串串紫花，随风飘荡，尤在盛夏会给人一种清新凉快的感觉。如果气候条件适宜，它开花会源源不绝，几乎全年均有花开（图 2-10）。

土壤　喜欢肥沃的腐殖土或沙质壤土，要求排水良好，如果将植株栽种于流水的溪旁湿润泥土中，生长会更加旺盛，很快就使枝叶铺天盖地而形成浓荫密闭的景观。

光照　可耐半荫环境，但阳光越充足则生长越壮旺，开花多且花色也较深。如果光照不足，生长相对缓慢，开花少，花朵色泽也变淡，故每天照射的阳光应不少于 5 个小时为好。

图 2-10　大花老鸦嘴

温度　性喜高温高湿，全年的生长适温在 20～30℃之间，冬季最低的越冬温度应在 5℃以上，不耐霜雪，在严寒的北方要在温室栽培，在华南地区可露地栽培而无需任何防寒设施。

水肥管理　生长旺盛期间，宜每月用固态复合肥或稀释 1000 倍的有机液肥追肥 1～2 次。冬季施肥可暂停，直至春暖恢复生机时再恢复。浇水除太干旱的无雨天气要每天浇 1 次外，地栽者无需浇水就可以正常繁茂地生长。

繁殖　在春夏季节选取粗壮的一年生枝条进行扦插，以 3～4 个茎节一段切断，将叶片剪去一半后斜插于沙床中，维持高温高湿，30 天左右就会发根，待新枝叶长出 2～4 节后可移植。亦可以将其带根的横走茎段直接从地里挖出种植，幼苗时需要用竹竿或细绳牵引，以方便其缠绕向上生长。栽培得法且水肥充足时，新栽苗会生长很快，一般定植 1～2 年便会爬满藤架，从而产生长久性浓荫密闭的景观。

应用　除了作为棚架、篱垣和藤廊的垂直绿化外，亦可以让其披散生长，作为地被和护坡植物。同属植物翼叶老鸦嘴（*Thunbergia alata*）为一年生草质藤蔓花卉，由于其花金黄色，喉部黑色，尤如眼睛，故又称之为“黑眼苏珊”。它是著名的盆栽藤本植物，广泛用于室内天井或阳台栽培，攀于网架之上可供摆设与欣赏。其生长习性与大花老鸦嘴相同，唯不同之处是开花后植物会枯死，来年要重新播种再行栽培。

络　石 *Trachelospermum jasminoides*

图 2-11　络　石

夹竹桃科，常绿木质藤本，原产我国和日本等地，在我国自然分布于华中、华东和华南等地，野生于山间杂木林中，常在石壁或悬崖上攀爬，形成绿色的崖壁，每当花期一到，白色芳香的花朵常引来蜂蝶飞舞，好不热闹。

它的藤茎长可达 8 ~ 10m，具乳汁，茎生有气根，可抓牢光秃的石壁和墙面而向上攀援。叶对生，卵形，亮绿色而带革质。花腋生，高脚碟状，白色并有香味，花期在 4 ~ 5 月。其果一般成叉状而下垂，成熟时自动开裂并散出带种毛的种子（图 2-11）。

十壤　以排水良好的沙质壤土或腐殖土为佳。定植前将花生麸、油粕之类的腐熟肥料埋入土中作基肥，对植株后期繁茂生长会更有利。

光照　络石是一种较耐荫的藤蔓花卉，可地栽在庇荫处，如果生长环境光照充足，植株会变得粗壮，叶片较小；若光照不足，其茎枝和藤蔓纤细，叶片较大，覆盖面较广，但不易开花，除非每天能照射 5 小时以上的阳光。

温度　可耐 0℃以下的低温，全年的生长适温在 15 ~ 25℃之间，温度过高，其生长会变得迟缓而发育不良，故华中以北等地栽培较多，在华南地区少见，这与其喜欢冷凉而忌酷热不无关系。

水肥管理 地栽无需浇水，其气根可从空气中获取水分。施肥在生长旺盛期约每月 1 次，用固态复合肥薄撒于土面即可，亦可以用有机肥水 600 倍液追肥。络石在冬季生长迟缓，此时可暂停施肥直至春暖时才恢复。

繁殖 通常用扦插或压条法，也可播种，于春暖季节进行。将冬季自然成熟剥落的种子撒播于湿沙床中，表面覆上一层薄土，洒透水后盖上玻璃或塑料薄膜，20 天左右发芽，待小苗长至 20cm 高时可移植，地栽或盆栽均可。

应用 在园林上，络石主要用于墙壁或石山的垂直绿化，利用其气根善于抓牢平面的特性，栽于高架桥或建筑物的立墙边，让其自然向上攀爬，从而产生绿色壁屏的效果。此外盆栽亦可作花篱、窗台或阳台网架的绿化，初期要用竹竿或网绳牵引，并要及时摘心，以利于植株多分枝，使之疏密有度，产生优雅的姿态。

软枝黄蝉 *Allamanda cathartica*

夹竹桃科，木本蔓生花卉。原产于巴西，在华南地区广为栽培，是一种能开出美丽大花的棚架绿化植物。除单瓣品种外，另有重瓣品种（cv.‘Williamsii Flore－plemo’）。

植株枝条柔软，呈披散向上生长之状，叶 3～4 枚轮生，倒卵形或长椭圆形，先端渐尖，深绿色。花腋生，花冠漏斗状，深黄色，冠筒细长，喉部橙黄色，花期夏至秋末（图 2-12）。

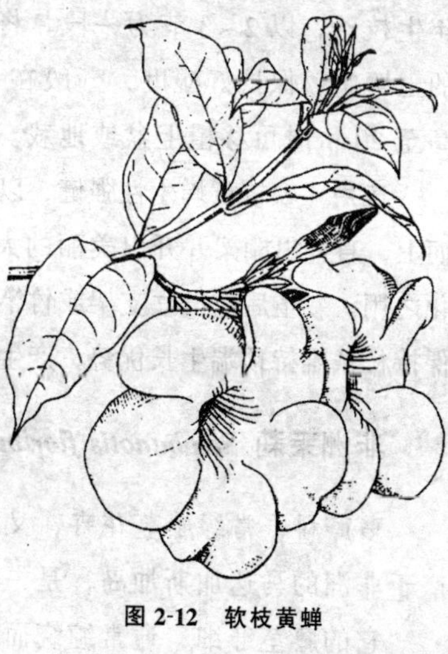

图 2-12 软枝黄蝉

土壤　以微酸性的沙质壤土或腐殖土较好，但排水一定要良好，不宜用保水性强的花卉培养土栽培，种植前宜在土层下施足基肥，以利于植株繁茂生长消耗所需。

光照　要求在全日照环境下栽培，如果生长环境过于荫蔽，枝叶会徒长并不开花。通常每天至少要照射5小时以上的直射阳光，植株生长才能健壮和花开灿烂。

温度　对低温十分敏感，冬季要维持在5℃以上才能安全越冬。全年的生长适温在20～35℃之间，华南地区可露地栽培，而天寒地冻的北方地区冬季应置入温室内，才不会被冻死。

水肥管理　软枝黄蝉耗水，盆栽在生长旺盛期应每天浇水1次，直至秋凉后才逐渐减少浇水量，到冬季时减至每周1次，以免在冷湿的天气下导致烂根的现象发生。施肥在春夏两季宜每月1次，用稀释的有机液肥或固态复合肥均可。开花后期和冬季严寒期可暂停施肥，直至春暖时才恢复。

繁殖　通常采用扦插法，秋季结合修剪工作进行。剪取粗壮的一年生枝条，以2～3节为一段，将叶片剪去一半后，插入沙床或疏松的土壤中，保持好湿度，一般在40～60天就能长根成丛。待新枝长高至20cm时可移植上盆或地栽。

应用　软枝黄蝉生性强健，以其柔软和长鞭状的披散状枝条依廊柱而上，直伸出棚架并开出美丽的大花，适合于大型花槽、棚架和墙垣绿化之用。栽植后应设立支架或竹竿让其向上生长，平时要随时摘去侧芽，保持枝条维持顶端生长优势，产生更长更高的茎枝而横空舒展。

非洲茉莉 *Stepbanotis floribunda*

萝藦科，常绿藤蔓花卉，又名马达加斯加茉莉、多花黑鳗藤，原产于非洲的马达加斯加岛，是一种流行世界的室内盆栽藤本植物。

它的藤茎纤细，通常缠绕而生，具有对生椭圆形的叶片，深绿色，表面光滑，质厚具蜡质，边全缘。伞形花序生于叶腋间，由多朵白色芳香的喇叭筒状花组成，果大形如芒果，花期夏季（图 2-13）。

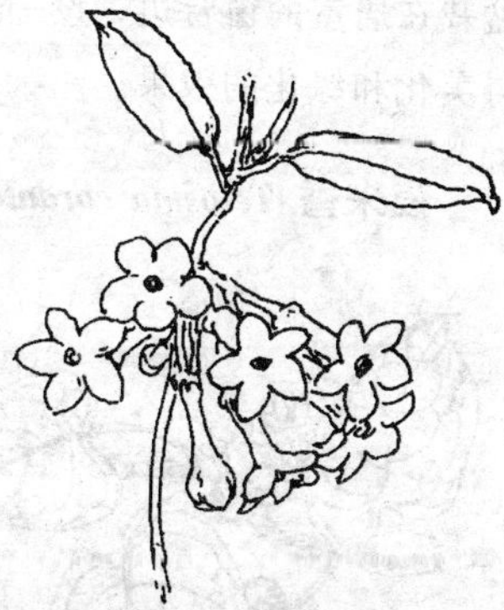

图 2-13　非洲茉莉

土壤　以富含腐殖质的沙质壤土或花卉培养土较佳，排水要良好和疏松透气，为其日后根系的正常生长创造良好条件。

光照　幼苗期要给予充足阳光，但当藤茎攀上棚架后可适当遮阴，这可使叶片不会被过强阳光灼伤而变黄。

温度　性喜高温高湿的生长环境，对低温极为敏感，通常当温度下降至 10℃以下时，其生长就会变慢，再降至 5℃以下时，则极易受冻而死亡。全年的生长适温应在 20～35℃之间，最低的越冬温度应维持在 10℃以上。

水肥管理　盆栽在春至秋季宜 1～2 天浇水 1 次，平时可经常向植株喷些雾水，以创造一个湿度大的生长环境。冬季温度下降时要节制浇水，约 7～10 天 1 次，维持盆土稍湿即可，直至春暖时再恢复正常浇水。施肥可用有机液态花肥或固态复合肥，每个月施肥 1 次，对植株生长和开花较有利。冬季要暂停施肥，直到花朵凋谢和春暖时再予以恢复。

繁殖　可采用播种，扦插和压条，尤以压条和扦插较为常用，宜在春夏两季进行。只要环境条件适合，不管是实生苗或扦插苗均易于成活。移植后的小苗要用竹竿或细绳索牵引，待苗茎蔓上一定高度后，要进行多次摘心，促使多分枝，从而达到枝繁叶茂的株型。

应用　多种植于垣篱或棚架的四周让其自然攀爬，每当花朵盛开之际，阵阵清香随风飘荡而至，会令人心旷神怡而提神醒脑。也可用盆栽在居室的窗台边，设一个网架让其攀援于其上，可达到室内外均得美化和绿化的效果。

夜来香 *Telosma cordata*

图 2-14　夜来香

萝藦科，常绿藤蔓花卉，原产于华南地区及东南亚，由于其花在晚上能放出香味，故又有夜香花的别名。它的花朵新鲜采摘后，可作菜炒蛋或煮汤食用。作为一种食花植物而栽培，在广东很早就流行于民间，其花常在农贸市场中出售，而且购买者众多，极具开发的潜力。

人工栽培观赏多以盆栽为主，其藤茎缠绕它物生长，折断面会冒出白色乳汁。叶为卵心形，对生，深绿色且表面皱缩。花期为春夏两季，伞形花序腋生，由多朵下垂的黄色高脚碟状花朵共同组成，有香气（图 2-14）。

土壤　盆栽用塘泥或田园土均可，也可用排水良好的沙质壤土或腐殖土，通用的花卉培养土亦适用，土质以微酸性较好。

光照　要求在全日照环境下栽培，但只有半荫也可以，但这样只会长叶而少开花甚至不开花。因此，每天给予 5 小时以上的阳光照射，对其植株正常生长和开花极有必要。

温度　喜高温多湿的生长环境，全年的生长适温应维持在 20～30℃之间。冬季可耐 2℃左右的低温，但持续天数不能过久，否则会由于寒冷过度导致落叶，不利于后期的生长。越冬温度最好维持在 5℃以上，这样才能确保安全。在华南地区可露地栽培，而在长江以北，冬季就要入室避寒。

水肥管理 在生长初期，宜每月追肥1次，待枝叶伸长向上攀爬时可2~3个月施1次肥，平时只要在盆土表面撒些固态复合肥即可。生长旺盛期间2天左右浇1次透水，冬季则要减少浇水量，只保持土壤呈稍湿之状，以免又冷又湿会导致烂根而死亡。

繁殖 采用播种或扦插，春夏两季可用压条法。种子发芽适温在20~25℃之间，将成熟种子浅埋于沙床中，约10~15天后发芽，待小苗长至20cm时，可用细绳捆之引导其攀援，并要摘心1次，以促使多分枝和多开花。成年植株每年早春还要修剪1次，使其植株萌发更多的枝叶和产生繁花似锦的景观。

应用 盆栽可供室内摆设欣赏，地栽可作垣篱和网架等空间的绿化。由于其茎叶蔓性不强，仅只作小型的垂直棚架绿化之用。

美丽马兜铃 *Aristolochia elegans*

马兜铃科，多年生藤蔓草本，由于其花型较大，故又名大花马兜铃。在国外常有袋装种子在花店出售，供盆栽或种在阳台作攀援藤本应用。

藤茎纤细，善以缠绕它物而上，心形的叶片互生。花奇特，形如烟斗，上端展开呈阔杯形，外部密布紫褐色网状斑纹，喉部有一紫褐色大斑块，花期由初夏一直开至秋季。蒴果长筒状，成熟时开裂后形如倒吊的降落伞，内有扁平的种子（图2-15）。

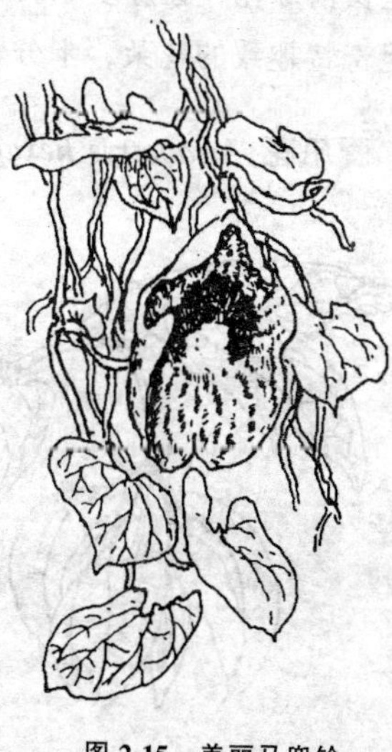

图2-15 美丽马兜铃

土壤 以沙质壤土或腐殖土较好，排水性和保水性均需良好，并要疏松透气，以利于其膨大的须根伸展。

光照 要求给予全日照的光照条

件，每天应不少于5小时的阳光照射，否则枝叶徒长，只见叶而无花开。户内栽培宜置放于朝南的窗台，以使植株生长能获取充足的阳光。

温度 性喜温暖，全年的生长适温在20～30℃之间，冬季如果温度低于5℃时会落叶，从而处于半休眠状态。如果温度适宜，冬季能继续发枝长叶保持绿色。

水肥管理 在春至秋季生长旺盛期宜1～2天浇水1次，施肥也要每月1次，用稀释1000倍的液肥淋施，也可以在土面撒些固态复合肥，供给植株快速生长所需。冬季气温低于10℃时，要减少浇水并暂停施肥，直至春暖时才恢复。

繁殖 可选用袋装的商品种子或用自采的种子播种，宜在春季进行育苗。直播后要浇足水，在20℃以上的温度下，约7～10天发芽，待长至20cm时可用竹枝扶持让其缠绕向上生长，直至棚顶后可进行摘心，以利多萌分枝早日产生枝繁叶茂的景观。

应用 美丽马兜铃是一种优雅的藤蔓花卉，通常作为盆栽而用于居室窗前绿化，让藤蔓攀爬于花棚或小花架上，每当花开之际，绿叶配上奇特趣致的花朵，十分飘逸美丽。

鹰爪花 *Artabotrys hexapetalus*

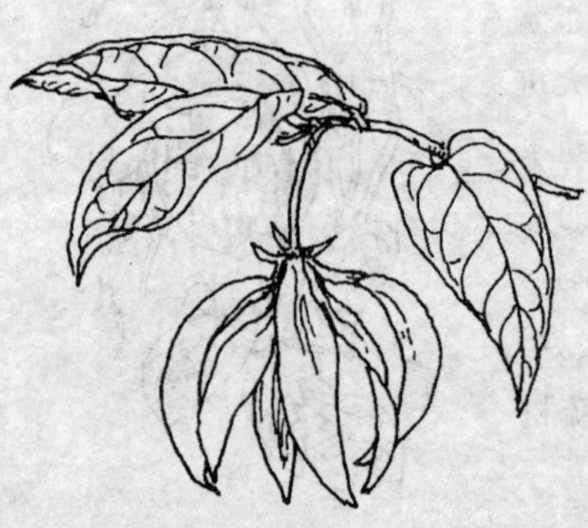

图2-16 鹰爪花

番荔枝科，常绿木质藤本，原产我国华南地区和菲律宾，因其花状似鹰爪并有香气，故又称鹰爪兰。鹰爪花的栽培在广州有着悠久的历史，至今在城中的海幢公园内还保留一株藤龄达600多年的鹰爪花，古藤虽处年事已高，但每年仍开花不绝，并被作为古树名木而被政府设围栏保护，成为当今鹰爪花的老寿星。

植株呈蔓生之状，叶片互生，长椭圆形，并生有用于攀物的弯曲钩枝。花大，外形尤如鹰爪，花瓣质厚，黄绿色，下垂，有芳香，常生于钩枝上，花后结出成串球状的聚合果，花期夏至秋季（图2-16）。

土壤 用富含腐殖质的塘泥或沙质壤土较佳，要求疏松和排水良好，土层深厚有利于其根系的深入，而达到根深蒂固的目的。

光照 可在全日照或半荫环境下生长，但充足的阳光下，对植株的开花结果更加有利。

温度 鹰爪花是典型的亚热带植物，在华南地区可露地栽培，北方栽培则要在温室内度过寒冬，否则会容易被冻坏。

水肥管理 植株在生长旺盛期的3～10月间要求充足的肥水，盆栽约2～3天浇1次透水为宜，施肥每2～3个月1次，可在土面撒些固态复合肥或用尿素加少量磷酸二氢钾兑水1000倍液浇灌，直至冬季期间才暂停。

繁殖 播种通常在春季进行，种子发芽适温在20℃左右，直播于盆中或沙床中，保持好湿润度，约2周发芽，待小苗长至20cm高时可移植盆栽或地栽。此外，也可以采用压条或扦插法来繁殖。

应用 鹰爪花四季常青，花香馥郁，十分适宜庭园的花廊或棚架绿化，在草坪一偶作为绿篱或修剪成各种造型供观赏，效果也不错。

中华猕猴桃 *Actinidia Chinensis*

猕猴桃科，落叶木质大藤本，它原产我国华东和西南的山区，被人们作为食用水果而很早就有栽培，现除作果树栽培外，亦作为棚架绿化的优良材料而广泛种植。

藤茎长可达10m以上，具有卵圆形的多毛绿叶，边缘具细齿，有长叶柄。花从叶腋间抽出，较大，雌雄异花，花期在4～5月间。初开时白色，后变为黄色，有多数雄蕊。花后结多汁浆果，大小如鸡

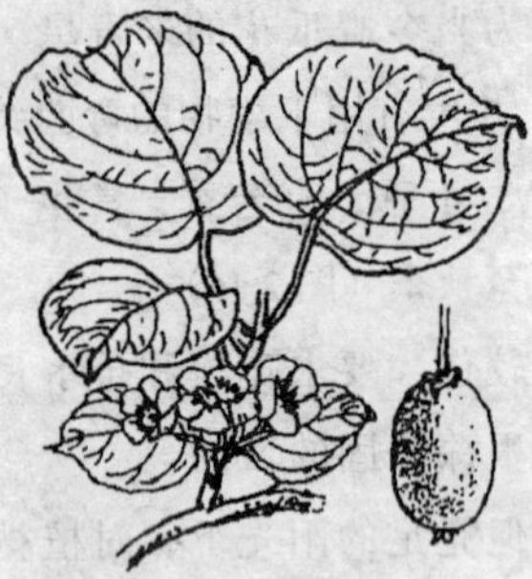

图 2-17　猕猴桃

蛋，果熟期在 8～10 月（图 2-17）。

土壤　以排水良好和富含腐殖质的沙质壤土或山泥较好，土层要求深厚疏松，以利于其根系深入生长。

光照　可在全日照的环境下生长，但亦耐半荫，如以遮阴观赏藤本为种植目的时，半荫的环境会较好。如要求植株开花结果的话，每天应有不少于 5 小时的阳光照射，才有可能达到理想效果。

温度　中华猕猴桃是一种温带的藤本植物，全年的生长适温在 15～25℃之间，适合于华北、华东、西南和华中等地区栽培。华南地区夏季酷热，不利于植株的生长，故除在山区可正常生长外，在平原地带常生长缓慢和发育不良而少见栽培。

水肥管理　在生长期内应加强水肥管理，盆栽宜每 2～3 天浇水 1 次，施肥可用有机液肥或固态复合肥。约每月 1 次，直至冬季落叶时暂停。苗期宜多施氮肥，成长至大藤本时要多施磷钾肥，以促使其开花并结果。

繁殖　通常采用播种法，亦可用扦插或嫁接法繁殖。播种要选择充分成熟的果实。除去果肉后留下种子阴干，可贮存或立即播入湿沙中，表面盖上湿稻草，一般在 1～2 个月后发芽，待小苗长高至 20cm 以上时可移植地栽或盆栽。播种繁殖多在 3 月下旬至 4 月初实施，扦插和嫁接法适宜在早春新芽尚未长出时进行较好。

应用　在园林上可用于棚架、垣篱、网架和荫廊等垂直空间绿化，通常具有浓荫密闭的效果。其果成熟后口味甘酸，含有丰富的维生素等营养成分，可鲜食或制成果酱。叶片可作草食动物的饲料，是一种食用与观赏相兼的经济型藤本植物。

葡 萄 *Vitis vinifera*

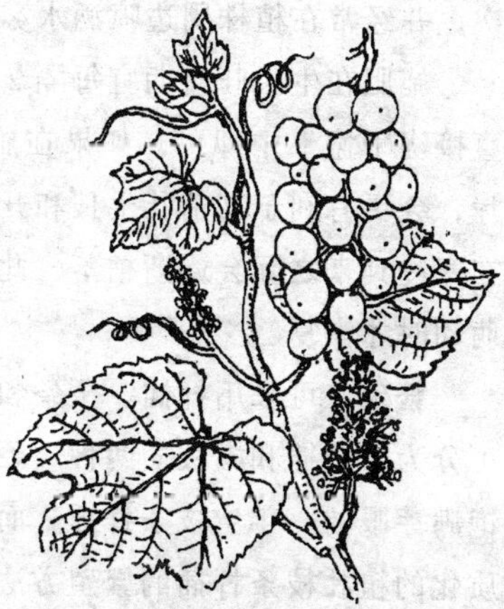

图 2-18 葡 萄

葡萄科，木质落叶藤本，我国各地均有栽培，以传统种植可食水果而言，数新疆培育品种最多。在南北各地，葡萄除了作为水果栽植外，还可应用于园林绿化上，主要作为棚架绿化或盆栽供观赏之用。

葡萄的茎木质，长可达20多米，具有纵裂的树皮。卷须与芽对生，生于茎上用于抓牢攀援物。叶互生，掌状，基部心形，叶脉互出，叶缘具缺刻。花为圆锥花序，由许多淡黄绿色的小花组成，常与分枝对生，花后结出成串的葡萄果，花期为4月，果熟期多在8～9月（图2-18）。

土壤 要求不严，除了重粘土和碱性土不宜外，几乎所有土壤均适用，尤以排水和透气良好的沙质壤土或富含腐殖质的山泥较好，花店出售的花卉培养土亦可使用，但保水性太强会造成烂根是其不足之处。

光照 喜充足阳光，一旦栽培环境光照不足，植株会徒长纤弱，并容易滋生病虫害。如果要使植株开花结果，每天应不少于5小时以上阳光，否则只会长叶而少见开花结果。

温度 葡萄属于温带的植物，具有一定的耐寒力，冬季一定要有低温的刺激才能结果，但又不耐严寒，一般以0℃左右较好，为了使植株结果，幼果期要求有较高温度的环境，通常在30～35℃左右才能利于植株的开花和结果。

水肥管理 葡萄生长快，叶片大，水分蒸发量较多，因此盆栽要注重浇水，尤其是夏季高温期及在生长旺季，每天要早、晚各浇水1

次，并经常在植株周边喷洒水雾来增加环境湿度。

施肥在生长旺盛期宜每隔2个月1次，用固态复合肥或有机肥水直接浇于盆土中即可。如果在施肥的同时用花宝1号喷洒植株和叶片，会更有利于其茁壮生长和开花结果。冬季是葡萄的休眠期，叶片在寒冷到来之际会逐渐枯落，此时可暂停浇水和施肥，直至春暖新芽萌动时才恢复。

繁殖 可采用扦插、压条和嫁接等方法，多以扦插为主，扦插又可分为硬枝插和嫩枝插两种。硬枝插是指在冬季剪下节间短粗、具有饱满芽眼的一年生枝条扦插；而嫩枝插是在植株的生长期，剪取半木质化的粗壮枝条扦插的繁殖方法。不管何种插法，在半荫潮湿的环境下约15～30天后就会生根，一个月左右就会萌芽展叶。当小苗长高至30cm时即可移植地栽或上盆栽培，同时用竹枝做好牵引，让植株攀援至棚顶并开花结果。

应用 葡萄是一种家喻户晓的水果，作为园林应用主要作为棚架、花廊或花架垂直绿化之用，是食用与绿化兼宜的经济型藤蔓植物。盆栽的矮化型葡萄外形优美，如栽培得法，串串葡萄吊垂于枝叶间，十分美丽，作为居室欣赏或庭园摆设均十分优雅怡人。

爬山虎 *Parthenocissus tricuspidata*

葡萄科，多年生落叶木质藤本植物，又称地锦、爬墙虎，含腊质，蒸发量小，有较强的耐旱、耐热和耐寒性能。原产于华南、华中和西南等省区。爬山虎根茎发达，根能深至1.5～2m，茎长可达20～30m，生长粗放，对土壤要求不严，善以其吸盘的卷须附于石壁或墙面而上，是著名的攀墙植物。众多城市普遍利用其进行建筑垂直绿化和道路护坡等，效果良好。

叶互生，心形，3浅裂，小叶先端尖锐，边缘具粗锯齿，绿叶在秋冬季节可变为红色或橙色，环境美化效果好；聚伞花序腋生，淡黄色，浆果球形，青紫色，花期夏季（图 2-19）。

土壤 以富含有机质的田园土或山泥最好，亦可用沙质壤土，但需要排水良好。此外，如果要用花卉培养土栽培，以栽植仙人掌类沙质较多者为好，可有效地防止由于培养土保水力过强而容易导致烂根的不足。

图 2-19 爬山虎

光照 需要在全日照的环境下生长，每天至少要给予 5 小时以上的阳光照射，如果栽培环境过荫，植株会变得徒长软弱，容易感染病虫害而有碍于正常的生长发育。

温度 当严寒到来时会落叶，直至来年春暖季节才重新展叶生长。春至夏季是其旺盛的生长期，此时的生长适温应维持在 20～30℃左右。

水肥管理 地栽苗除新枝移植者之外，一般无需浇水，它能从地下上升的水汽中获得生长水分。此外雨季还要注意不能长久积水，否则会浸坏根部而落叶死亡。施肥在生长季节每 2～3 月用固态复合肥或花生麸类的肥料直接撒于土面即可。

繁殖 可用压条法，但多以扦插为主，爬山虎再生能力很强，通常在冬季落叶后和春季萌芽前，剪取老熟的藤茎，每段约 10～20cm，斜插于疏松的土壤或沙床之中，保持适当湿润，约 20～30 天便能生根。也可以将枝条直接插于墙根泥土中，将其茎紧贴墙壁，株距约为 1m 左右，以利于日后攀援生长时能获得充足的壁面空间。

应用 除冬季之外，其他季节枝叶茂盛浓密，可用于家居围墙，高架天桥立柱、假山和陡石坡的垂直平面绿化。其吸盘附着的生长方式无损于墙壁或水泥结构的建筑物，它的木质部导管发达，气生根多，一年可爬高至 2～3 层楼高，5 年可营造出一面生态“绿墙”。在炎热的盛夏，室内温度比无爬山虎遮盖的室内低 3～5℃，较好地起到夏季降温的作用，使家居增加丝丝凉意。

除爬山虎常用于垂直的壁面绿化之外，尚有称之为五叶爬山虎（*P. quinquefolia*）和异叶爬山虎（*P. heterophylla*）等，它们的生长习性和栽培管理方法与爬山虎大同小异。除园林应用外，爬山虎的根茎可入药，结出的紫色浆果还可用于酿酒，其味道几乎能与葡萄酒一样香醇可口。据有关报道，我国利用爬山虎等攀援植物用于城市绿化，水土保持等生态建设和道路护坡等方面的试验、示范已取得显著成效。目前相关部门已筛选出一批适应不同地区的爬山虎植物，并开展了苗木扩繁工作。

薜　荔 *Ficus pumila*

桑科，常绿木质藤本，由于其果形似荔枝，多野生于人迹稀少的偏僻之处，故得此名。它的果还可以榨汁来制作凉粉，又有凉粉果之称。薜荔广泛分布于东南亚，日本、印度和我国的华南、西南和华中等省区，是一种善以气根攀于墙垣等垂直立面的藤蔓植物。

图 2-20　薜　荔

薜荔的叶互生，幼苗期叶小，如一枚硬币大小，呈倒卵形；成熟期的叶大，革质，椭圆形，隐头花序腋生，果如馒头状，内含许多胶质种子，可压榨出汁液来制作凉粉（图 2-20）。

土壤　以肥沃的沙质土或塘泥为好，也可用花卉培养土作盆栽，要求排水良好和疏松透气。

光照 性喜阳光，亦耐半荫。但充足的阳光下才能枝叶繁茂，覆盖面广，家居绿化宜植于窗台旁，如果环境过荫，植株会徒长软弱，叶片细小，不能开花和结果。

温度 全年的生长适温在15～30℃之间，冬季可耐3℃以上的低温，在有霜雪的寒冷地区栽培，冬季要入室栽培或用薄膜覆盖防寒，否则会被冻伤而枯死。

水肥管理 盆栽在生长旺盛期间，宜每2天浇水1次，随着冬季的来临可逐渐减少浇水量，直至严寒天时暂停。施肥可每季度1～2次，在土面撒些固态复合肥即可。冬季要暂停施肥，待到春暖后才予以恢复。

繁殖 可用扦插的方法，在早春或梅雨季节选取健壮的枝条，每段约10～15cm，先用吲哚丁酸或生根粉处理切口，然后插入疏松的盆土或沙床中，维持高温多湿之状，约1个月后即能出根发芽，待新枝叶长有20cm时便可移植于墙边，先用竹枝作牵引，使其靠近墙壁生长，直至攀上墙头可修剪1次，以利于多分枝和产生枝繁叶茂的绿化效果。

应用 可作为墙壁的表面绿化覆盖植被，但其气根插入墙缝后会长粗增大，使缝隙扩宽，因此，多缝隙的古旧墙壁就不宜应用，仅作为假山，高架天桥立柱的壁面，水泥墙等坚固平面绿化之用。盆栽观赏可用吊篮或高盆栽培，使枝叶吊垂于盆沿而随风飘荡，优雅而富于动感。此外，本属还有花叶的银边薜荔（ver. *variegata*），多作盆栽供室内摆设观叶之用。

啤酒花 *Humulus lupulus*

大麻科，多年生草质藤本植物，通常以缠绕式攀援，以其茎和叶柄的倒钩刺抓牢物体向上生长。由于其花可用于制造啤酒而久负盛

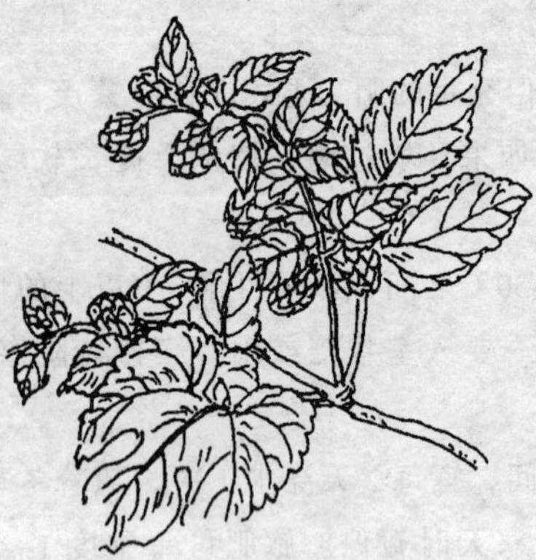

图 2-21　啤酒花

名，商品名为酒花。

茎和叶柄均密生细毛和倒钩，叶片掌状，边缘有齿，深绿色，花雌雄同株，雌花排列成一近圆形的穗状花序，成熟后产生穗状的球果，花果期在夏秋季（图 2-21）。

土壤　要求排水良好且肥沃的沙质壤土，土层要深厚和疏松，透水和通气性良好，忌积水和粘质重的土壤。

光照　性喜温暖及充足的阳光，生长环境每天应不少于 5 小时的光照。如果生长环境过荫，植株会显得软弱而且发育生长不良，叶片大而质薄，容易滋生病虫害，往往只长枝叶而不开花。

温度　啤酒花是一种温带植物，喜在凉爽的环境下生长，全年的生长适温在 15～25℃之间，冬季可耐零下 20℃的低温，在酷热的南方地区则生长不良。因此主要栽培在华北和西北一带。

水肥管理　除移栽初期要每天浇水外，定植后的植株无需浇水，利用土地里上升的水汽就足够了，施肥用有机肥水或磷酸二氢钾适量兑水 800 倍液浇于泥土中，在生长旺盛期间每月 1～2 次便可。

繁殖　3～4 月间用分株的方法进行，新株生长稳定后，会较快萌发出新梢来，期间要作一次修剪，促使多萌分枝，并用竹竿扶持，使枝叶攀爬生长。

应用　园林上可供棚架、凉亭、花廊等物体的攀援绿化之用，具有生长快，能在较短的时间内显现立竿见影的效果。花稍有香气，可采下晒干药用，具有健胃和利尿的作用。

珊瑚藤 *Antigonom leptopus*

蓼科，半落叶蔓性藤本，原产于墨西哥，在我国华南地区被广泛栽培，作为观花的藤蔓花卉，多用于棚架或垣墙上的绿化。

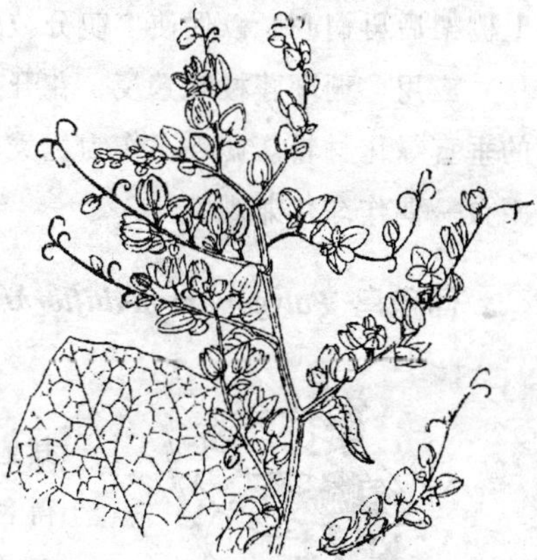

图 2-22　珊瑚藤

地下有肥大块根，枝茎具卷须而善于攀援，叶片互生，长卵形或长心形，深绿色，网脉明显，边缘呈波浪状。花期春至秋季，圆锥花序腋生，花苞粉红色，另有白色花变种，盛开时伸出叶丛之上，显得分外晶莹美丽（图 2-22)。

土壤　以肥沃的沙质壤土或腐殖土较好，亦可用山泥或塘泥栽种，要求排水良好和疏松透气，栽植前要在土里埋入腐熟基肥，以利于后期繁茂生长所需。

光照　要在全日照的环境下生长，每天应有不少于 5 小时的阳光照射，过荫的环境只会使枝叶徒长而少开花。

温度　性喜高温，全年的生长适温在 22～30℃之间，安全的越冬温度要在 5℃以上，北方地区栽培需要置入温室之内，否则会被冻伤而萎凋。

水肥管理　由于其枝叶生长迅速，水肥管理要充足，盆栽要求在春秋间的生长旺季每周浇水 3 次，每月用液肥追肥 1 次，直至寒冷的冬季来临才暂停施肥，到翌年春暖时再予以恢复。

繁殖　用播种或扦插均可，小苗不耐移植，故常以直播为主。方法是先将种子浸水 4～6 个小时，让种子充分吸水后，再浅埋入需绿化地方的泥土中约 1cm 深，维持温暖多湿的条件，约经 30 天便可长出小根，当幼株形成 15 ~ 20cm 小苗时就要立竹竿让其攀爬，直至攀上棚架后再摘心，以促使多萌分枝多开花。

应用 珊瑚藤枝叶繁茂，花开艳丽，是理想的棚架、花廊和围篱的垂直绿化材料。此外，作为优美的藤蔓花卉，亦可用大花盆栽植在阳台一隅作绿化兼观赏。

何首乌 *Polygonum multiflorum*

图 2-23 何首乌

蓼科，多年生藤蔓花卉，通常以其地下块茎入药，具有乌发的功效而得名。原产于我国南北各省区，被广泛栽培作为盆栽观赏和棚架绿化。

茎纤细，善于缠绕他物向上生长，叶片心形，互生，深绿色；夏季开花，花序圆锥状，花呈绿色而不艳丽，小果具有膜质的翼（图 2-23）。

土壤 何首乌生长粗放，土壤要求排水良好和疏松透气，尤以表土深厚的肥沃田园土为佳。

光照 喜欢在阳光充足处生长，光照充足才能枝叶繁茂。亦耐半荫环境，但环境过荫会导致植株徒长软弱，叶片大而质薄，容易滋生病虫害。

温度 全年的生长适温在 20 ~ 30℃之间，冬季可耐严寒，故南北各地均可露地栽培。

水肥管理 旺盛期间生长迅速，故要求肥水供应要充足，盆栽宜每 2 天浇水 1 次，浇水至盆底有水淌出为准。施肥每月 1 ~ 2 次，用腐熟的豆饼水或尿素加适量磷酸二氢钾兑水 800 ~ 1000 倍液浇灌，或每季度用固态复合肥撒于土层表面让植株慢慢吸收。

繁殖 在春暖期间用扦插或播种育苗。扦插是在冬季过后，枝条尚未发芽时剪取15～20cm长的老壮枝条，插入湿润的沙床中，约1个月左右便生根发芽，待新枝芽长至20cm时，可移植上盆或地栽，并用竹竿引导其向上生长，待茎蔓攀绕上棚顶后再进行1次摘心，促使其更加枝繁叶茂。

应用 可作为绿篱、棚架、花廊及石山的藤本植物，盆栽可置于近窗台光照充足处，用网架让其攀援，待生长成丛后，成片的绿叶披挂在窗户四沿，可起到绿色生态窗帘的作用。

落葵薯 *Anredera cordifolia*

落葵科，常绿草质藤本，原产于南美巴西一带，现广植于热带和亚热带地区，以其嫩茎叶作蔬菜食用。由于茎上生有小块茎或株芽，地下有薯状的块茎，故名落葵薯。此种原产于国外，故又有洋落葵之称。

常绿藤本，蔓性强，枝条常呈红色，并有白色皮孔；叶互生，心形；花期在夏至秋季，花色偏绿，小而不美丽（图2-24）。

图2-24 落葵薯

土壤 以肥沃的沙质壤土或田园土为佳，要求疏松透气和排水良好，富含有机质，水分太多或积水会导致有烂根现象发生。

光照 在光照充足或半荫之处均能生长良好，充足阳光下的茎叶徒长较快，叶片大而质薄，十分适宜作蔬菜食用。

温度 性喜温暖，不耐严寒，在华南地区可露地栽培，全年的生长适温在20～30℃之间，安全的越冬温度应维持在5℃以上，北方地区冬季要在温室内栽培，否则极易被冻坏。

水肥管理 平时稍能耐旱，但在生长旺季水肥要充足，每月宜用腐熟透的有机肥稀释液追肥1~2次，亦可每隔2~3个月在土面撒些固态复合肥让植株慢慢吸收。冬季植株生长缓慢，要减少盆栽的浇水量，由平时的每天1次减至3~5天1次，而且暂停施肥，直至春暖期间才予以恢复。

繁殖 通常采用扦插或剥下叶腋间的株芽与小块茎来育苗，春至秋季均可进行。将剪下长20cm的成熟老茎段插入土中，或埋入株芽及小块茎，保持湿润适中，不久就会萌出新株。待小苗和新枝叶长出后用竹枝或细绳牵引扶持，直至藤茎攀援成株后可多次修剪或摘心，以促使多萌分枝，更加枝繁叶茂。

应用 多用于绿篱笆或小型荫棚的垂直绿化，也可用盆栽置于阳台或窗边，设网架让其攀援，平时可采摘其嫩茎叶煮汤或油炒后作桌上佐餐，是一种食用与观赏相兼的观叶藤蔓。

茑 萝 *Quamoclit pennata*

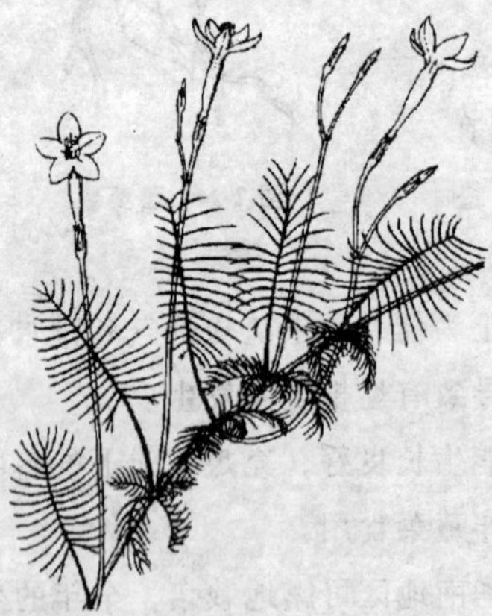

图2-25 茑 萝

旋花科，一年生蔓性草本，是小型的蔓藤花卉，主要以盆栽或小型棚架种植供观赏之用，它生长粗放且栽培容易，是理想的窗台及阳台的绿化花卉，让其攀援于网架之上，构筑成一丛美丽的绿色藤蔓小群落，具有遮阳和赏花相兼的功效。

原产热带美洲，现各地均见栽培，在华南一些局部地区已逸为野生。茎善缠绕他物向上攀援，具有互生的羽状裂叶，十分纤细柔美。花期在夏至秋季，管状小花从叶腋间抽出，喇叭状，花冠呈五角星状，深红色，喜在朝阳下盛开，红花映衬绿叶显得格外悦目鲜丽。花后结出蒴果，内含多粒黑色的种子，成熟时自动弹出，入土后至来年春暖时会自行萌发（图 2-25）。

土壤　要求排水良好和通风透气，以富含有机质的田园土或沙质壤土为好，亦可用花卉培养土进行盆栽。

光照　每天应不少于 5 小时的光照，阳光充足才能花多而色艳，花期延长。否则枝叶徒长，不开花或花小而且颜色晦暗。

温度　要在温暖的环境下才能生长茂盛，23～30℃为理想的生长适温，秋凉后生长慢慢衰弱，直至冬季来临前完成整个生命周期，开花结籽后植株枯萎死亡。

水肥管理　盆栽的茑萝生长迅速，从播种至开花仅需 2 个月左右，肥水供应要充足，浇水每天约 1～2 次，施肥每月可施 1～2 次，用稀释 600～800 倍的有机肥或复合肥水溶液追施，直至开花结籽时停止。

繁殖　在春至夏季将种子直播于花盆或地上，保持土质湿润，在 20～25℃的环境下，1～2 周后便会发芽萌叶，待小苗长至 20cm 时可用竹竿或细绳牵引，使其纤秀的蔓茎缠绕而上，并可摘心 1～2 次，以便产生更多的茎枝使其多开花。

应用　在园林上可作为小花架，围篱或窗台的垂直绿化，亦可作为吊盆花卉悬垂于室内光照充足处观赏。同属的品种有：槭叶茑萝（*Quamoclit* × *skater*），杂交种，它与茑萝不同之处为叶片的羽裂较宽，尤如槭叶状，花冠的星形也略比茑萝饱满，习性与栽培管理与茑萝大同小异。

牵　牛 *Ipomoea nil*

旋花科，一年生草本藤蔓花卉，广泛分布于我国南北各地，多在路旁和旷地中攀爬生长，不少地方已逸为野生，俗称喇叭花。现代栽培的多为杂交品种，并有袋装的种子出售。园艺栽培尤以日本最盛，被称之为朝颜，有许多不同的花色与花型品种，在日本的各个园林景区被广泛种植。

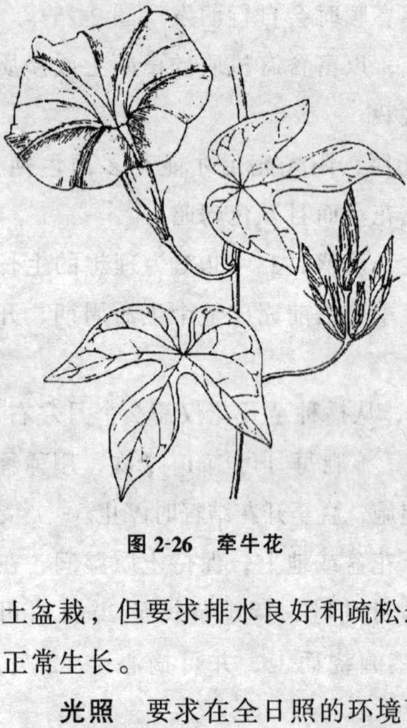

图 2-26　牵牛花

牵牛以缠绕的茎向上攀援，叶片互生，叶形多呈心形，视品种不同有具 3 裂或圆心形，全缘或有斑驳花纹等，花腋生，喇叭状，质薄，粉红色或紫蓝色，亦有白色或车轮状双色花等品种，花期春至秋季。盛花期喜清晨迎着朝阳开放，十分灿烂悦目，花后结蒴果，能自然弹出黑色的种子（图 2-26）。

土壤　以肥沃的沙质壤土或田园土较好，亦可以用花卉培养土盆栽，但要求排水良好和疏松透气，否则积水会导致烂根而不利于正常生长。

光照　要求在全日照的环境下栽培，每天应不少于 5 小时的阳光照射，生长过于遮阴对生长不利，会造成叶片泛黄与衰弱，不开花或花小而色淡。

温度　性喜高温，生长适温在 20～30℃之间为佳，秋凉后生长变缓，直至冬季来临时，开花结籽后会自然枯萎死亡。

水肥管理　盆栽要充分浇水，每天至少 1～2 次，以适应其快速生长所需，施肥一般以 15～20 天进行 1 次，用有机液肥或花卉复合肥均适宜，直至开花末期可停止。

繁殖　多用播种法繁殖，春至夏季为播种适期。播种前先将种子浸水数小时让其软化，然后拌上细沙土一起撒播在花盆或需绿化的地方。在高温多湿的条件下，大约1周后便发芽，待小苗长高至20cm时要用竹竿牵引，使其向上生长，期间可适当进行摘心1～2次，以促使产生更多的分枝而多开花。一些多年生品种除用播种育苗外，还可用扦插或压条法来繁殖。

应用 适用于棚架、垣篱、石山或假山石壁的垂直绿化，其种子为知名的中药，称之为牵牛子，具有疏肝利水的功用。此外，在华南地区常见的同属植物还有一年生的野牵牛（*Ipomoea obscura*）；多年生的五爪金龙（*Ipomoea cairica*）和木玫瑰（*Ipomoea tuberosa*）等，它们在野外多逸化为野生藤蔓，形成一个个形态各异的植株群落，盛花时节，喇叭状的花儿铺天盖地而甚为壮观。注意的是，本属植物多具有速生粗长，适应性强的特点。尤其是多年生的一些品种，生长了一年后便茎蔓杂乱，形成了庞大的植被群落，需在每年早春时强剪1次。最好在引种时注意选择好品种，以免栽培不当造成藤茎蔓生而泛滥成灾。

九重葛 *Bougainvillea spectabilis*

紫茉莉科，木质常绿蔓性灌木，原产于南美洲的巴西等，是著名的热带观花植物，广植于热带和亚热带地区，我国南北各地常见栽培，其名称在各地叫法不一，又名宝巾、叶子花等；而华南地区则以其花貌似杜鹃，茎枝有刺而称之为勒杜鹃。品种极多，有红、黄、白、紫或双色的品种，亦有花叶的变种九重葛（var. variegata）。

九重葛的枝叶粗壮，茎有枝刺而刺手，茎枝的可塑性较强，幼枝时可修剪成盆景或庭园造型树。若疏于管理让枝条蔓生，即可攀爬上棚架成为花廊，蔓篱或棚架的观赏花卉。叶互生卵形，先端尖，全缘或呈波状，绿色或有斑驳。花顶生或腋生，常3朵簇生于色彩艳丽的3片苞叶之内，管状花较小，黄色为多见，如气候条件良好几乎全年均见开花，但主要在夏秋季。重瓣品种的花呈退化状，形成了所谓“重瓣”的外形（图2-27）。

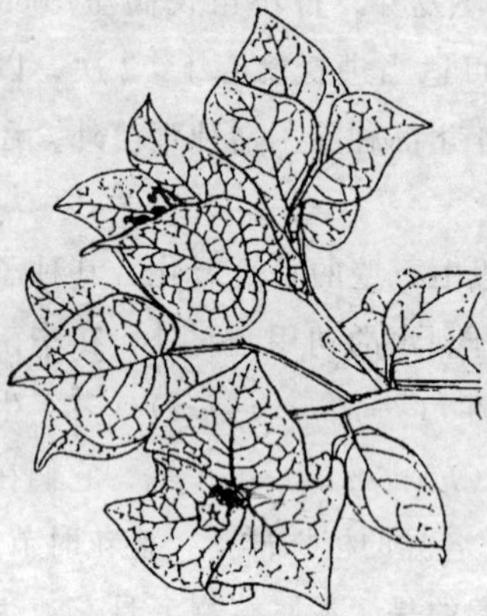

图 2-27 九重葛

土壤 以含丰富有机质的沙质壤土或田园土较好，要求排水良好和疏松透气。华南地区习惯用塘泥粒盆栽，亦可用花卉培养土种植。

光照 只有在充分全日照的环境条件下，植株才能生长健壮，花繁叶茂；半荫虽能忍受，但只徒长枝叶而少开花。

温度 性喜高温炎热，全年生长适温在22～35℃之间，冬季最低的越冬温度要在3～5℃以上，北方或冬季有霜雪之地宜在温室内越冬，霜雪压枝会极易导致植株被冻伤或冻死。因此，做好冬季防寒工作是栽培能否成功的关键。

水肥管理 盆栽在生长旺盛期需要给予充足的浇水，平时盆土见干见湿，一般1～2天浇1次水足矣。盛夏季节阳光猛烈，水分蒸发量大，早晚应各浇水1次，施肥在生长旺季每月1次，用稀释800倍的复合花肥或农家肥均可，亦可用固态复合肥洒于土面上让其慢慢吸收。

为了促使植株开花，当夏季花芽分化期间就要适当节制浇水，维持土壤稍干之状，为利于刺激花芽分化，可连续4～10天不浇水也无妨，待恢复浇水后便迅速复原并开花，如管理得当，就会使勒水后的植株繁花似锦，满株皆花。九重葛在冬季寒冷期间生长迟缓，可暂停施肥和减少浇水量，直至春暖植株萌出新芽时，再恢复常规管理。

繁殖 通常采用扦插或空中压条的方法，在春夏季节进行，亦可应用嫁接法。将多个品种的插穗嫁接于一株老树桩上，以产生一株多色的九重葛集锦树盆景的景观，其观赏价值远比单色者为高，是庭园和阳台摆设欣赏的佳品。

应用 多作为棚架、垣篱与花廊的蔓性植物栽培，亦可以用苍劲的老树桩制作成盆景于阳台上摆设，每当开花之际，绿叶红花衬以古朴的树干十分可观。

铁线莲 *Clematis florida*

毛茛科，落叶藤蔓花卉，园林上栽培的多为花大色艳的园艺杂交品种，主要产地为欧洲，是喜凉忌热的温带植物，引入我国后，主要在西南和华北等偏凉地区栽培，是一种具有较高观赏价值的美花藤本植物。

图 2-28 铁线莲

茎善以缠绕的方式攀援，具有长卵形的 3 出复叶，夏季开花，在叶腋间抽出，花较大，花瓣 6～8 片呈风车形排列，依品种不同，有红、紫、橙红、粉红和白色等花色，并有单瓣与重瓣之分，质厚色艳而十分美丽（图 2-28）。

土壤 要求排水良好和疏松透气，以肥沃的腐殖土或花卉培养土为好，亦可用疏松和质优的山泥栽植。

光照 最好在 60～80%的光照下生长，忌夏季烈日照射或过荫环境，在早晚有 4～5 小时柔和的阳光照射较为理想。

温度 全年的生长适温应在 15～20℃之间，平时注意环境的通风凉爽，温度一旦超过 26℃以上，其生长就会迟滞，达到 30℃以上高温时有可能导致萎死。相反，冬季耐霜雪。因此，铁线莲在华南地区少见栽培。

水肥管理 春秋两季为生长的旺盛期，此时对水肥的需求较大，盆栽每天宜浇水 1～2 次，每 15～20 天用有机肥水或复合花肥追施 1 次。严冬或盛夏可暂停，直至秋凉和春暖时才予以恢复。

繁殖　宜在春暖季节用播种法进行育苗，把种子撒播在盆土中，保持好湿润与通风良好，在15～20℃的适温下7～10天便发芽，待小苗长到20cm高时可上盆定植或地栽，并要立竹竿扶持让其缠绕。除播种外，还可用扦插与压条法繁殖。

应用　可供小型花架，绿篱和阳台的垂直绿化，盆栽可供居室窗台的装饰和观赏，直至花朵凋谢后又移回花棚栽培管理。

艳赪桐 ***Clerodendrum* × *speciosum***

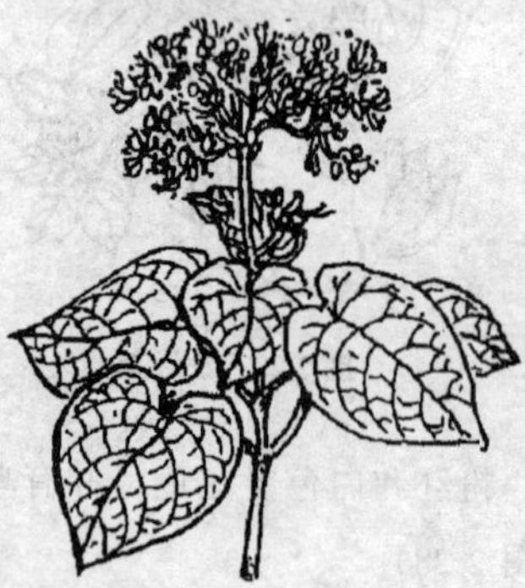

图 2-29　艳赪桐

马鞭草科，常绿蔓性藤本花卉，是一种开花持久美丽的藤蔓花卉，由原产于热带和亚热带的原种杂交而成，茎通常紫黑色，深绿色的叶片较大，对生，呈心形。花期为初夏至秋季，聚伞花序生于枝顶，由无数的深红色花共同组成，每当开花时节，深红色的花序呈现于绿色叶丛之上，十分鲜艳夺目（图2-29）。

土壤　以富含有机质的沙质壤土或肥沃的田园土为主，盆栽用田园土栽种较多，保水性强，疏松和透水良好是种植的首选。

光照　要求每天应有不少于5小时的阳光照射，植株才能生长繁茂，开花多而持久，生长地若光照不足，植株虽能生长，但叶片会较大，开花小而且色泽较暗。

温度　性喜高温，全年生长适温在22～35℃左右。冬季不耐严寒，过冷时会落叶，因此，不宜在有霜雪之地露地栽培，盆栽在冬季要搬入室内栽培并越冬，至翌年春暖后再移出室外继续观赏。

水肥管理　春至秋季生长旺盛期浇水和施肥要充足，尤其是盆栽者浇水要 1～2 天 1 次，施肥可 1～2 个月 1 次，用有机肥水或复合肥均可，直至冬季气温偏低时才暂停，待来年春暖生长旺盛时才恢复。

繁殖 可采用播种或扦插的方法，由于结籽少而多采用后者，方法是在春秋两季剪取中熟且健壮的枝条，按 2～4 个茎节为一段，斜插于沙床或疏松的培养土中，保持高温高湿，约经 30～50 天便可发根长叶，待新枝长高至 20cm 左右可移植地栽或上盆，并要立竹竿扶持，使其枝条蔓延直上到棚顶为止。此时还要多次摘心促使分枝，以利于枝繁叶茂和多开花。

应用 由于枝条具有较强的蔓延性，故被广泛地应用在花架、棚架和墙垣的绿化，如把枝条牵引攀附到栅栏上，会很快长成一面花叶皆美的绿篱景“墙”，它具有花萼持久不凋的特点，观花期可长达数月。同属的植物还有：龙吐珠（*C. thomsanae*）及红花龙吐珠（*C. thomsanae* var. *rubra*），但它们的株型较小，多作阳台蔓生绿篱或小棚架上的栽植对象，亦可盆栽供室内观赏之用。

三角西番莲 *Passiflora suberosa*

西番莲科，多年生草质藤蔓花卉，原产于巴西，在我国华南地区有栽培，并逸为野生，株形较小而雅致，是一种适应于热带和亚热带地区栽培的垂直绿化材料。

图 2-30 西番莲

具有纤细和绿色的茎枝，善以卷须抓紧附着物而攀援，叶互生，掌状 3 裂或 3 角形，全缘，外形似枫叶，冬季叶片不凋而保持常绿。花腋生，绿色而不显眼，浆果熟时紫黑色，内含多数种子，落地后可自行萌发，而无需刻意照料就能繁茂生长，花期春至秋季（图 2-30）。

土壤 对生长环境不择不拘，除盐碱性强的土壤外，任何土壤均适用，庭园栽培最好是用富含有机质的沙质壤土或田园土。

光照 植株在全日照环境下生长茂盛，枝壮叶繁。光照不足或在半荫的环境下虽能忍耐，但枝叶稀疏，容易滋生介壳虫和病害，也不利于开花和结果。

温度 要求在温度 20～30℃的环境下生长，冬季可耐 2～3℃的低温，但不能持续时间太长。因此，北方天寒地冻季节就要入室栽培，否则会受冻害而枯死。

水肥管理 生长较粗放，地栽无需刻意管理，每 2～3 个月在土面撒放些固态复合肥就能繁茂生长，盆栽在春秋季生长旺盛期宜 2～3 天浇水 1 次，施肥可每月 1 次，用豆粕或花生麸浸透水后施埋入盆土下，让植株慢慢吸收。冬季生长缓慢，此时要暂停施肥和减少浇水，保持盆土稍湿即可，直至来年春暖后才恢复。

繁殖 多用播种法，春至秋季均可进行。随时摘下已变紫色的浆果，清洗出种子后直接埋入土壤之中，保持湿润，约 20 天左右发芽，待小苗长至 20cm 高时要用竹枝或细绳牵引，好让其植株扶摇而上蔓延。

应用 多应用于小棚架、绿篱栅栏等绿化，亦可盆栽置于窗台上，让其形态优美的叶片爬满网架，以营造出一个绿色的“生态窗帘”，让观赏与遮阴功能同步拥有。同属的紫冠西番莲（*Passiflora caerulea*）和鸡蛋果（*Passeflora edulis*）亦有同样功能，而且鸡蛋果的果实香甜可口，可制成时尚果汁饮用，它们的栽培方法与三角西番莲基本相同。

小南瓜 *Cucurbita pepo* var. *ovifera*

葫芦科，一年生蔓性草本，虽说是南瓜，实为属于西洋葫芦的小果形杂交品种，其原种产于中美洲及亚热带地区，很早就作为瓜类蔬菜引入国内栽培，小南瓜种类与品种较丰富，因其果形及色泽多似南瓜，故又有观赏南瓜和玩具南瓜的别称。

藤茎纤细柔韧，有绿色小毛。花期在春季，雌雄同株异花，黄色，喇叭状，花后结出扁圆形或椭圆形的小瓜，外皮依不同的品种有红、黄、绿、白等颜色，十分玲珑可爱，采集后可久存不腐，摆设期可达半年以上，是理想的果盘摆设种类，用于装饰餐桌和饰柜均适宜（图 2-31）。

图 2-31　小南瓜

土壤　要求排水良好和疏松透气的沙质壤土，也可用富含有机质的田园土或塘泥，忌用含盐碱的土壤。

光照　要求在全日照环境下栽培，生长期间阳光要充足，否则较难开花和结果，使枝叶徒长而纤弱，并容易滋生病虫害。

温度　整个生长周期需要在 20 ~ 30℃的条件下完成，每当秋凉以后，枝叶慢慢变黄萎蔫，如冬季移入温室之内管理，生长周期会相对延长，直至开花结果后才自然枯萎死亡，需来年播种育苗后再植。

水肥管理　其植株由小苗至挂果，生长周期约 3 ~ 4 个月后就能完成，所以从苗期起就要给予充足的水肥管理，每天需浇水 1 ~ 2 次，每 10 ~ 15 天施肥 1 次，用有机肥水或复合花肥均适宜。薄肥勤施，直至开花结果后才停止，一旦水肥管理跟不上生长发育所需，则植株纤弱，花小叶黄而不利于观赏。

繁殖　通常采用直播法育苗，不作移植。先将自采或花店零售的袋装种子用温水浸数小时，然后播入需栽培的地穴里，覆盖少量土壤，并保持湿润，通常 6 天左右就会发芽生根，待小苗长至 20cm 时可用竹竿扶持，让其攀援而上直达棚顶，此时可摘心 1～2 次，使植株多发新枝，一般 2 个月后藤茎就会覆满棚顶并开始萌出花蕾来。

应用　小南瓜较适宜作为花廊及瓜棚的绿化，亦可用于盆栽观赏，每当挂果时节，奇形怪状的瓜果错落有致地吊垂于棚架时，十分优雅和极具吸引力，近年来不少旅游休闲农庄纷纷予以引种，栽培成庭园荫棚上的主角，让游客既可得到浓荫的舒适环境，又能欣赏到奇异的瓜果，实为吸引游人之举。其瓜果在藤茎枯萎后还可摘下作果盘装饰或小礼品零售。

水　瓜 *Luffa cylindrica*

图 2-32　水　瓜

葫芦科，一年生草质藤本，在华南地区被广泛栽培，人们常栽于庭园的瓜棚之上，既达到遮阳挡雨的目的，又可采摘作为食用瓜果。广州方言中有“水瓜棚”之俗语，意思就是指房屋下雨时到处漏水，尤如在水瓜棚之下的感觉一样。

水瓜的藤蔓粗壮卷须呈 3 分叉状，善以卷须抓住其他物体而向上攀援，叶片较大互生，呈宽五角状，疏披粗毛，花雌雄异株，花大，金黄色，扁喇叭状，花后结出长条形而下垂的瓜果，花果期为夏秋季（图 2-32）。

土壤　要求富含有机质的田园土，沙质壤土或塘泥粒栽培，只要土质肥沃透气，疏松即可。

光照　要求在阳光充足的地方生长，每天应有 5 小时以上的阳光照射，否则植株只会长枝叶而不开花，仅只能作遮阴之用。

温度　一生需要在高温的环境条件下生长，生长适温在 20～30℃

之间，秋凉以后生长逐渐衰弱，至冬季后植株就会自然枯萎死亡，留下一个个吊垂的老瓜。内含成熟种子，可采下于来年春暖后播种再植。

水肥管理 水瓜顾名思义是一种生长迅速而需水极多的植物，应每天浇水 1～2 次。施肥亦应跟上，可用腐熟的农家厩肥，如花生麸或豆饼水稀释 800～1000 倍后浇灌，每月 1 次，直至开花结果时才停止。

繁殖 在早春直播于地穴里，在温暖潮湿的环境下，约 7～10 天就会萌发，待小苗长至 30cm 时要用竹竿牵引，使其攀竿而上到达棚顶。

应用 水瓜的适应性强，生性强健，既可作为棚架、阳台的攀爬遮阳植物外，其瓜果又是美味的蔬菜，可炒食和做汤，内含丰富的蛋白质及维生素。老瓜络还可用来作洗擦碗锅油垢的工具。

其原种丝瓜（*Luffa acutangula*）亦有见作为良好的棚架植物栽种在乡村的房前屋后的瓜棚上，但绿叶的茂密度比水瓜略逊。而应用和栽培方法与水瓜基本一致。

葫　芦 *Lagenaria siceraria*

葫芦科，一年生大型藤本植物，其果作为蔬菜或工艺品而久负盛名，然而作为绿化用的棚架植物亦十分相宜，每当一个个的葫芦形瓜果吊垂于棚架下，十分雅致和奇特，观赏效果极佳。

葫芦的藤蔓纤细柔韧，茎卷须分为 2 叉，全株披有粘质的细软毛。叶呈多角状心形，互生，边缘具细锯齿。花夜晚开放，雌雄同株异花，白色呈喇叭状，花后结出葫芦形状果实，嫩时可作蔬菜食用，花果期为春末至秋季（图 2-33）。

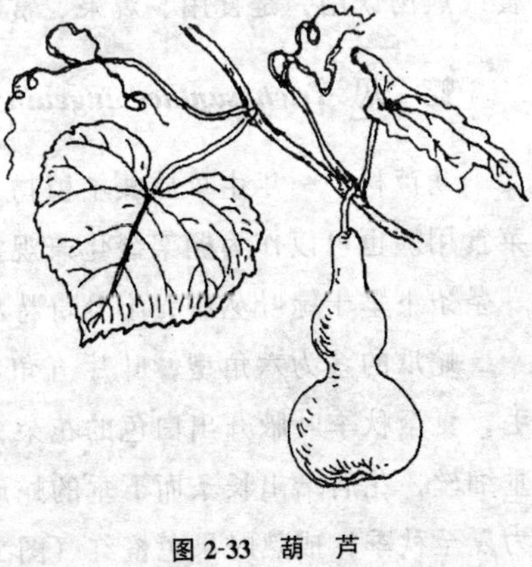

图 2-33　葫　芦

土壤　以沙质壤土或田园土均宜，要求排水和疏松透气性良好，盆栽通常宜选植株和瓜果较小的变种小葫芦为主。

光照　要求在全日照的环境条件下生长，每天日照应不少于5小时，否则开花稀小而疏于结果，仅能作遮阴应用。

温度　需在高温环境下生长，生长适温宜在20～35℃之间，秋凉以后植株生长便逐渐变弱，直至冬季严寒时全株自然死亡为止。

水肥管理　葫芦生长迅速，由小苗至开花结果只用3个多月就能完成，除地栽苗外，盆栽的植株每天宜浇水1～2次。栽培时除预埋些腐熟的厩肥作基肥外，平时每隔10～15天施肥1次，用有机液肥或复合肥均适宜。

繁殖　在春季采用播种的方法，将种子直播于露地或大盆中，保持高温多湿的环境，5天左右就会发芽，待小苗长至20cm时可立竿牵引，待藤茎爬上棚架后要摘心1～2次，以利于多分枝而快速将棚架遮阴。

应用　葫芦瓜植株在水肥充足的环境下生长迅速，短短几个月就能枝繁叶茂，达到荫蔽的目的，是理想的棚架绿化和荫廊遮阳藤蔓。其老熟的瓠果形态别致，雕除瓜肉后可制成各种工艺品。嫩果可作蔬食或煎汤饮用，是食用、观果、赏叶于一体的庭园垂直绿化的材料。

蛇　瓜 *Trichosanthes angeuina*

葫芦科，一年生草质藤本植物，它原产于印度，主要采嫩果作蔬菜食用。也可以作为棚架绿化兼观赏的种类，挂果时节长蛇形的瓜果一条条下垂于绿叶丛中，十分奇特和优雅。

蛇瓜的茎为六角型，叶片五角状或3～7裂，互生，表面密生绒毛，夏至秋季叶腋开出白色的花朵，花瓣5片纤薄，边缘具流苏状下垂细丝，花后结出长条而下垂的蛇形瓜果，质脆而易于压烂，花果期为夏至秋季，成熟时果色橙红（图2-34）。

土壤 以排水良好的沙质壤土或田园土为好，要求微呈酸性和富含腐殖质。或用保水性良好的花卉培养土亦可，但要求疏松和透气良好，以利于其根系的发育和生长所需。

图 2-34 蛇 瓜

光照 日照要充足，每天应不少于 5 小时的直射阳光照射，环境过荫会导致枝叶徒长和只长枝叶而不开花，仅能作为棚架遮阴之用。

温度 生长适温约为 20～35℃，秋凉后植株生长变慢，冬季来临其植株会自然枯死，留下的蛇形瓜果供采摘种子用。

水肥管理 蛇瓜生长迅速，由小苗至开花结果仅需要短短 3 个月时间，因此，需要充足的水肥补充。在生长期内除要维持泥土湿润外，还要每隔 10～15 天用复合肥或有机肥兑水 800 倍液追肥 1 次，直至开花结果时为止。若肥水过多也会使植株生长旺盛而少开花，此时就要暂停施肥，以便于植株由营养生长转变为生殖生长，促进其植株多开花而多结瓜。

繁殖 用播种法，在春季将去年所采收的成熟种子直播于土中，维持高温多湿，1 周左右便发芽，待小苗长至 20cm 高时就要用竹竿牵引，使藤蔓沿竹而攀上棚顶。

应用 蛇瓜外形似一条长蛇，多条下垂或曲掩蔓于绿叶之间，十分奇特有趣，是许多旅游农庄用来吸引游客的招牌瓜蔬。作为垂直绿化可用于棚架、阳台和花廊的遮阴植物材料，其瓜鲜嫩时可作蔬菜食用，味美可口。

藤本月季 *Rosa hybrida*

蔷薇科，落叶木质藤本，是多种藤状蔷薇属植物杂交的栽培种，有许多不同颜色和形状花形的品种，在园林上主要用于庭园垂直绿化和蔷薇科属花廊的展示材料，具有良好的耐寒力，适于华北、华东、西南和西北等地的栽植，但不耐酷热。

图 2-35　藤本月季

枝条蔓生而粗壮，多呈紫色，附有尖利的刺，叶为单数羽状复叶，有小叶5~7片，椭圆状，边缘有齿，伞房花序圆锥状，顶生或腋生，依品种的不同，可分为单瓣，重瓣和红、白、黄、紫等色，花期多为春秋两季（图 2-35）。

土壤　以排水良好的微酸性沙质壤土或富含有机质的田园土为好，土质要深厚疏松，以利于其须根的伸长生长。如果土质太过粘重而排水不良，会使根系透气不良，容易导致烂根的情形发生。

光照　需要在阳光充足的环境下生长，过荫则会导致枝叶徒长衰弱，容易滋生病虫害，开花少或不开花。因此，每天应不少于 5 小时的阳光照射。

温度　与普通月季一样，藤本月季喜欢凉爽通风的气候，全年生长适温在 15~25℃之间，夏季如果温度高于 30℃以上时，植株会生长不良，容易滋生病虫害，直接影响了后期的生长，故夏季维持凉爽的栽培环境是种好藤本月季的关键。冬季气温下降，植株便处于休眠状态，直至严冬过后，开春暖和时才恢复正常生长。

水肥管理　藤本月季生长迅速，盆栽在生长旺季每天浇水 1 次，维持土壤湿润，会有利于生长。盛夏季节气温偏高，此时要减少浇水至每 2~3 天 1 次，利于其安全度夏，施肥约每月 1 次，用稀释有机液肥追肥或在土面上撒些固态复合肥均适宜，可有效地补充植株生长的营养所需。

繁殖　可采用扦插、压条或嫁接的方法，但以采用扦插法为主。

在秋季或春天雨季时进行，剪取2年生的硬枝，按15cm长度为1段，上留3～4个节，叶片全部剪去一半，然后插入沙床中2/3左右，在凉爽通风和潮湿的环境下1个月左右便生根发芽，待新枝叶长至15cm时可移植上盆栽或地栽，并可设立竹竿扶持，让植株嫩梢向上攀援，直至到达棚顶后摘心1次，促使萌生出更多的枝叶和多开花。藤本月季的生性较强，管理粗放，每年可在秋后轻度修剪1次，只留下1.5～2m的主蔓，才能使其在翌年再次花繁叶茂。

应用　主要用于西式月季花廊、棚架、垣篱与墙面的绿化。藤本月季的攀援能力较弱，植株上棚主要是依靠人工的牵引和搭架，人们常利用其细嫩的蔓生茎枝绑扎成各式可供欣赏的造型，花开时繁花满枝而赏心悦目。此外，其果和根可入药，有泻下和利尿的功效。老叶摘下外用，捣烂外敷治肿毒。同属攀援的植物有木香花（*Rosa bankiae*）亦可作为棚架绿化应用，其栽培与管理方法与藤本月季基本大同小异。

云南羊蹄甲 *Bauhinia yunnanensis*

云实科，常绿木质藤本，原产于我国云南省，现广植于华南、西南各省区，具有生长快，遮阴率高和易见效果的特点，加上花多与花期长，是一种优美的观花类藤蔓花卉。

茎枝常为褐色，具有互生的两深裂小叶，基部呈心形，总状花序顶生或与叶对生，有花10～20朵，花冠淡紫色，花瓣边缘白色，花期春至夏季（图2-36）。

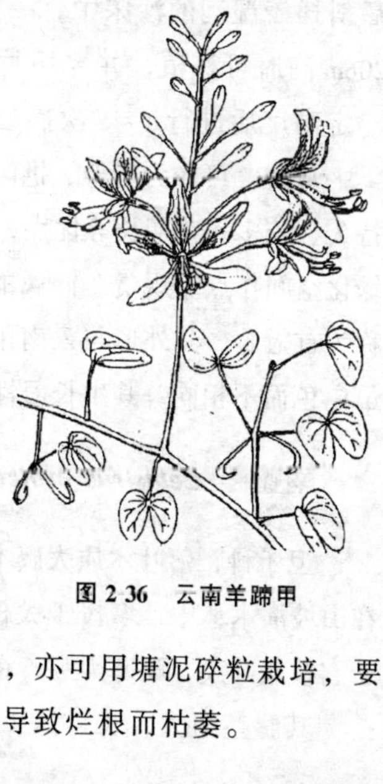

图2-36　云南羊蹄甲

土壤　喜欢微酸性的沙质壤土或山泥，亦可用塘泥碎粒栽培，要求通风透气和疏松，切忌积水，否则容易导致烂根而枯萎。

光照 性喜高温，在充足的阳光下植株才能生长粗壮，花繁叶茂。半荫的环境亦能适应，但枝叶稀疏，花少或不开花，仅起到遮阴的效果。

温度 要求温暖的气候条件，全年生长适温在10～30℃之间，最低的越冬温度为5℃，北方地区栽培于冬季需入室避寒，否则极易被冻伤而落叶。

水肥管理 虽然它有喜湿润的习性，但亦具有一定的耐旱力，地栽除移植初期要浇水外，平时无需浇水也能生长良好，其扎实的地下根系总能吸收到所需的水分，施肥在生长旺盛期约每月1次，用液态的稀释农家肥或固态的复合肥均可，直至冬季生长缓慢才可暂停施放，待到春暖新芽萌动时再予以恢复。

繁殖 可采用播种或空中压条的方法，亦可采用扦插来育苗。在春暖期间选取粗壮枝条，以15～20cm为一段，切口蘸些生根粉，然后斜插于湿润的沙床中，一般20～30天便会生根长叶，待新枝长至20cm高时可移植，并要用竹竿扶持或用网架引导其攀援向上，达到一定高度后进行1～2次摘心，促使其产生更多的枝条和多开花。

应用 可作为棚架、拱门、垣墙和绿篱的垂直绿化之用。具有开花持久、花多和花期长等优点，也十分适合于居家小庭园和阳台等小型的绿化空间作点缀观赏。同属的种类如深裂叶羊蹄甲（*B. corymbosa*），又称为首冠藤，其外形与云南羊蹄甲十分相似，但二裂叶仅裂至中央，花虽白色而不相同，其生长习性和栽培管理方法却是大同小异。

南蛇藤 *Celastrus orbiculatus*

卫矛科，落叶木质大藤本，原产于我国西南和华北各省区，多野生在山坡灌木丛中，攀援于大树上，其叶冬季变红，故又称为落霜红。由于它枝繁叶茂，耐寒力强，在国内外均有栽培，主要用于棚架绿化。

其藤茎粗大，长可达12m，具有卵圆形的互生叶片，平时为深绿色，至秋冬季节演变成黄色和红色，稍后会脱落。花期夏季，花淡绿或黄绿色，多朵集生成腋生的或顶生的聚伞花序，花后结出蒴果，内含具深红色假种皮的种子，成熟时外露（图 2-37）。

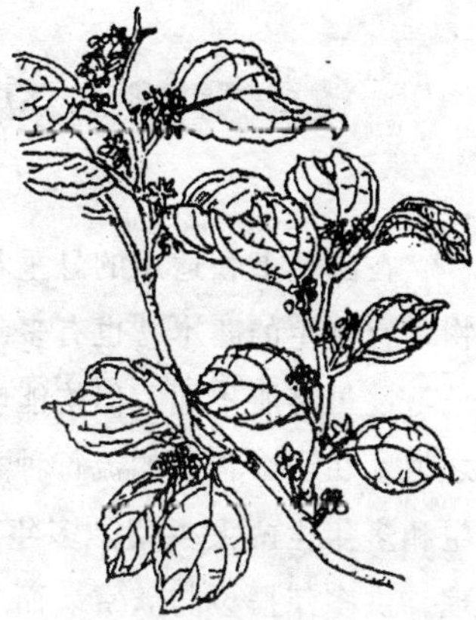

图 2-37 南蛇藤

土壤 喜欢疏松肥沃的沙质壤土，要求排水良好，忌积水，否则会导致烂根而枯萎。

光照 喜光亦耐半荫，在全日照环境下生长强健，枝繁叶茂，花多而色艳。如果在半荫环境下则枝叶稀疏，叶片较大而薄，不开花或少开花，花色晦暗，仅起遮阴的效果。

温度 性喜凉爽的环境气候，适合于冬季寒冷的北方地区栽种，在夏季酷热的华南地区多生长不良而少见栽培。

水肥管理 本种虽耐贫瘠的土壤，但定植前要施足基肥，日后对其快速繁茂生长极有帮助。在春至秋季生长期内施肥可每月 1 次，用稀释的有机液肥追肥或在土面撒些固态复合肥均可。浇水除了移植后的小苗需要之外，平时无需浇水，植株可从地下上升的水汽中获得生存的水分。

繁殖 采用播种法，将成熟的种子在春暖期间埋入土中，保持土壤湿润，一般 20 天左右发芽并伸出子叶，待小苗长出至 20cm 时可予以立竿扶持，使其沿竹竿攀援而上，直达棚顶后就要摘心或修剪 1 次，促使产生更多的分枝和叶片，在短期内达到浓荫密闭的效果。此外，还可选用健壮的茎枝进行扦插，在湿润的环境下也很容易生根成苗。

应用 适合于棚架、绿篱、石山绿化及山坡保水固土等作用，也是秋季欣赏红叶较佳的观叶藤蔓。此外，其根、茎、叶和果壳均可入药，有消肿解毒的功效。

3 常见悬垂花卉

在园艺上，适用的悬垂花卉种类繁多，有开花植物，亦有蕨类植物；有蔓生的藤本，也有多年生或一年生的匍匐草本花卉。它们的生长习性虽有所不同，但均能够悬垂向下生长而被纳入悬垂花卉的范畴之内。在当今常见的流行种类和品种中，可大致地将它们划分为一年生和多年生两大类型。多年生者可在栽培过程中进行适当修剪和管理，供多年摆设与欣赏。而一年生的类型在植株开花后就宣告死亡，栽培者就要将其丢弃，来年购入新株或繁殖小株来重新栽培。

悬垂花卉一般以草本植物为主，木本植物少见用来作为悬垂花卉，从而构成了悬垂花卉以草本植物为主的现象。它们均以向下垂生的枝条为特点，有条不紊地向盆口四周扩展和下垂，直至长满全盆，产生随风摇曳的状态。

虎耳草 ***Saxifraga stolonifera***

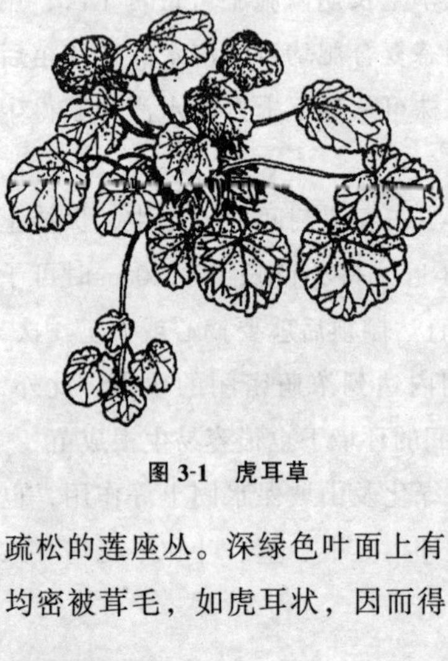

图 3-1 虎耳草

虎耳草科，多年生常绿草本植物，又名金线吊芙蓉、金丝荷叶，产于我国秦岭以南各地，朝鲜、日本也有分布，多生于1500米以下的山地、河谷、山溪等阴湿处。具丝状匍匐茎，走茎梢着地可生根，另成一株新的小苗；叶片近圆形，边缘有圆齿，组成疏松的莲座丛。深绿色叶面上有白色网状脉纹；叶背为红紫色，两面均密被茸毛，如虎耳状，因而得名（图 3-1）。

虎耳草有一个变种叫三色虎耳草（var. tricolor），叶形与原种相似，小叶有乳白色宽边缘，嵌着粉红色与白色的斑块，耐寒性差，越冬温度不能低于 15℃。光照充足时会转变成淡红色，观赏起来也甚为趣致。

土壤 盆土要求质地疏松、排水良好。可用腐殖土或泥炭土与沙土掺和起来使用，每年春季或花后最好要进行倒盆换土，栽培时在土层下埋入腐熟透的有机厩肥作基肥。

光照 喜半荫的生长环境，忌在强烈的阳光下直晒，夏季过于干燥的天气会引起叶片焦边；平时只需在早晚接受 2～3 个小时柔和的直射阳光，就可使叶色更为艳丽多彩。

温度 喜欢比较阴凉的环境，生长最适宜的温度为 18～22℃，高于 28℃或低于 5℃时往往生长不良，会出现黄叶现象。严冬时最好是移入室内养护，以免受到冻害。

浇水 生长期间要注意浇水，要求有较高的空气湿度，但盆土不能渍水。开花后及冬天有一段休眠期，就要逐渐减少浇水量。只维持盆土不完全干燥即可，过湿易烂根。另外，如果室温在 18℃以上时，必须让植株处于较高的空气湿度下。

施肥 在生长活跃期间，每月施 1 次稀薄的有机液肥或花卉复合肥，就能满足其生长需要，冬季则要少施肥或停止施肥。

繁殖 生长多年的植株会杂乱无章，所以盆栽了 2～3 年就要淘汰更新。繁殖只需把虎耳草细长走茎上的幼株摘下，种植在疏松的腐殖土或泥炭土里，就很容易成活，待小苗发出新叶时，便可移入花盆中栽培。小植株不仅比老植株长得健壮好看，而且不久也会长出匍匐茎和子株。

应用 虎耳草植株小巧玲珑，花期夏季，圆锥花序为不整齐白色小花组成，是一种很好的小型吊盆植物，尤其他形态飘逸的蔓生枝芽和美丽的叶片甚为清幽可爱，悬挂在窗台上或摆设于书桌均适宜。其喜阴湿的特性，也可作为点缀流水山石盆景或岩石园阴潮处的栽植材料。

水竹草 *Tradescantia fluminensis*

图 3-2　水竹草

鸭跖草科，紫露草属，多年生常绿草本植物，又名白纹吊竹梅，原产于北美洲、中美洲、南美洲及非洲热带，现各地均见有栽培。茎呈蔓性或直立性，能匍匐地面生长，茎节发根容易，品种有多种，叶分有长卵圆形、卵状披针形、卵圆形等；互生，叶端锐尖，叶面因品种而异（图 3-2）。常见的品种有：银线水竹草，栽培种，粉绿叶面有数条银白色条纹，十分清雅明丽；彩叶水竹草，栽培种，叶面色彩丰富，有半绿半白的，有白多绿少的，茎枝与叶背紫红色，在逆光下甚为绚丽；斑叶水竹草，栽培种，叶面上有较规则的粉黄色与绿色各分秋色；黄叶水竹草，嫩黄色的叶片较单调，但其生机蓬勃的长势有种另类的感觉。

土壤　栽培土质要求疏松、肥沃，可用腐叶土和泥炭土调制后使用，春季新梢萌发前可倒盆换土 1 次，并埋入少量腐熟透的有机厩肥作基肥。

光照　需要 60%～70%较明亮的光照，才能促使植株叶片生长得密集而鲜亮。如果光线太暗，株茎会长得细长散乱，会导致彩叶品种的叶色及光泽渐褪，影响观赏价值。

温度　喜欢温暖的生长环境，平时在 20～28℃的温度下生长较适宜，冬季温度较低时会生长缓慢而呈半休眠状态，此时就要注意保温或移入室内养护。

浇水　性喜高温多湿，生长旺盛时水分要充足，注意保持土壤湿润，最好是放置在空气湿度大的地方，在冬季休眠期间，则要减少浇水，保持盆土见干见湿便可。

施肥 生长活跃期可每个月施1次以氮为主的复合肥或有机肥水，冬季则停止施肥或少施肥。

繁殖 在湿润的条件下，选剪茎顶或茎段来进行扦插，每段8~10 cm，直接斜插入培养土或湿沙中，保持好适宜的湿度，一般20天左右就能发根，若把枝条末端插浸在水中，亦能生出新根，盆栽时要把5~8株扦插苗合栽1盆才好见效果。

应用 管理粗放且简易，耐荫与耐湿性强，种植在庭园作潮湿地带的地被绿化较好，也可遏制杂草的蔓延；将其栽培成吊盆植物观赏，即使是疏于管理，匍匐的蔓性茎叶也能较快地簇生成盆，生长得十分繁茂。

水竹草甚为粗生，在水肥适合的环境下生长迅速，平时要注意适时施以强剪，就能促使茎枝定期萌发新梢，经常得以更新叶片。

吊竹梅 *Zebrina pendula*

鸭跖草科，吊竹梅属，多年生常绿草本植物，又名吊竹草、双带梅，原产于中美洲热带，现各地均见有栽培，在华南地区已逸化为野生状态。红褐色的茎呈蔓性，能匍匐地面生长，茎节发根容易。叶长卵圆形，互生，叶端锐尖，叶背浓紫色，在阳光照耀下极为亮丽夺目（图3-3），叶面色彩因品种而异，常见的品种有：吊竹梅（*Z. pendula*），原产墨西哥，叶面有两条银绿色宽条纹，夹着中央的绿色部分，有金属般的光泽；双色吊竹梅（*Z. purpusii*），原产墨西哥，又名大吊竹梅，叶面中

图3-3 吊竹梅

央呈青铜色，两旁有两条银色条纹；四色吊竹梅（*Z*. *pendula* var. *quadricolor*），栽培种，叶面上有不规则的粉红色、绿色、乳白色和银白色条纹，但不好栽培。

土壤　盆土要求质地疏松、肥沃，可用腐叶土或田园土掺和起来使用，每年春季新梢萌发前要进行倒盆换土1次，栽培时最好在土层下埋入腐熟透的有机厩肥作基肥。

光照　生长期间需要充足的光照，以促使植株叶片生长得密集而鲜亮。如果光线太暗，株茎会长得细长散乱，叶色光泽渐褪。但也不可在烈日下过于曝晒，以免产生日灼而影响观赏。

温度　喜欢温暖的生长环境，平时在20～30℃的温度下生长较适宜，温度较低时会生长缓慢呈休眠状态；冬季温度低于10℃时就要注意保温。

浇水　在生长旺盛季节，要注意保持土壤湿润，最好是每天浇水1次，平时可让土质半干半湿，盆土适度的干燥会促使叶色更加鲜艳。在冬季休眠期，则要减少浇水，见到盆土稍干时才进行适量的浇水。

施肥　吊竹梅在生长活跃期，可每月薄施1次以氮为主的有机肥水，或用复合肥干施在盆土上，让其慢慢吸收，冬季则停止施肥或少施肥。

繁殖　在湿润的条件下，吊竹梅的茎节处很容易生出根须来，剪下一段带有根须的枝条，扦插在培养土或湿沙中就能生根，也可把枝条末端插浸在水中，亦能生出新根，上盆时要把6～10株合栽才见效果。吊竹梅的老叶易脱落，使得下部茎枝显得空荡，因此对老化的植株应适时作些修剪或施以强剪，促使茎叶时常得以更新。

应用　吊竹梅类草本生性强健，病虫害少，管理粗放且简易，耐阴性好，种植在庭园作荫生地被可遏制杂草的蔓延；栽培成吊盆观赏有不错的绿化效果，如把其种在居家的阳台的花槽上，即使是疏于管理，不久它也能生长繁茂，匍匐的蔓性茎叶向四周发展成片，给你一个紫与绿交错的色彩空间。居家培植可悬挂在室内近窗处，也可置于向南或东西方向的阳台上，只需用遮阴黑网略作遮盖，便能生长良好。

合果芋 *Syngonium podophyllum*

图 3-4 （白蝶）合果芋

天南星科，为多年生观叶草本植物，原产于美洲热带。具柔软的蔓性茎，茎节易生气根，株茎上有乳液。此属植物有 20 余种，叶形与叶色富有变化，叶片分有戟形、箭形或掌裂形，叶色有全绿、绿中嵌有斑块或白脉等，甚至同株中的幼叶和成熟叶片之间的形状也有不同变化。在成长过程中，一种合果芋会同时长有两种叶型，并逐渐生长出攀援或蔓延的茎。根据其特性，可以按需分作吊盆或柱状栽培（图 3-4）。

合果芋常见的种类与品种有绒叶合果芋、红叶合果芋、白蝶合果芋、长耳合果芋、翠玉合果芋、粉蝶合果芋、银叶合果芋等。

土壤　盆土以质地肥沃的腐殖土与田园土（2∶1）掺和使用为佳，或用花市出售的营养土；每年倒盆换土时，在土层下埋入少量的腐熟透的有机厩肥作基肥。

光照　此类植物对光线适应力较强，耐阴性能好，但在温和、明亮的漫射光下生长最佳，叶色也鲜艳强健。室内摆设一段时间后，要定期移至户外养护，日照在 50～60% 为好，盛夏忌强烈的阳光曝晒。

温度　性喜温暖多湿，生育适温 20～28℃，在冬季温度降至约 10℃时，叶片就容易受寒而泛黄，故需做好防寒工作，把盆栽移入室内或温棚里。

浇水　合果芋类植物都喜空气湿度较高的生长环境，生长旺盛时期水分要充足，盛夏炎热天时要经常在叶面上喷洒雾水，增加叶面与周围环境的湿度。冬季生长缓慢，有短暂的休眠期，此时就要控制好浇水量，保持盆土稍有湿气即可。

施肥　生长期间每半个月施1~2次以氮肥为主的肥水，冬季进入休眠期时则要停止施肥或少施肥。

繁殖　用茎枝扦插繁殖，春至秋季均可进行，剪取健壮的枝条，每段带3~4个茎节，插入疏松的园土或素沙中，保持阴凉湿润，发根后，每盆合植6~10枝扦插新苗。不久便成为新的盆栽。

应用　合果芋类植物以叶色多彩和耐阴而著称，略有光照便能维持盎然生机。利用其蔓性的气生根引附上蛇木柱，可培育成大型的立柱型盆栽；若用吊盆栽培，作为悬垂植物使用，茎叶下垂时柔美飘逸，为上等的室内外悬吊盆栽。

绿　萝 *Scindapsus aureus*

天南星科，又名黄金葛、黄金藤、锦藤，多年生蔓性草本植物。原产于南太平洋诸岛，现各地均见有栽培。茎叶肉质，茎节易生气根；蔓性软茎具较好的攀援能力，能攀附树干、蛇木柱或墙壁生长，在野外，绿萝可把茎节上的气根附沿着粗糙的树干攀上树枝高处。并且越往上爬的茎叶长得越大，令人叹为观止。

图3-5　绿　萝

叶片呈卵心形或心形，表面革质而富有光泽，暗绿色的叶面上常显有乳黄斑或金黄色的条纹，幼叶初生时较小，愈成熟的叶片逐渐变大（图3-5）。

绿萝还有几个常见的栽培品种如白金葛、黄金葛与银星绿萝等，均是观叶盆栽中的佳品。

土壤 盆土以质地肥沃、疏松且含腐殖质的田园土为宜，或直接用花市出售的营养土即可；栽培时最好在土层下埋入少量腐熟透的有机厩肥作基肥。

光照 绿萝对光线的适应力较强，具有一定的耐荫性，喜欢在温和但充足的漫射光下生长，叶色才能鲜艳强健。平时日照在50～60%为好，室内摆设要放置在近窗处，并要定期移至户外养护。忌盛夏强烈的阳光直接曝晒，但长久时间放于阴暗处对植株生长及叶色斑纹也会有影响。

温度 性喜温暖多湿，生育适温25～33℃，在冬季温度偏低时，叶片就容易受寒而枯黄，尤其在吹北风的天时，稍有不慎就会造成硕大的叶片折断或破损，故需做好护理工作，把盆栽移入室内或温棚里。

浇水 喜湿润及空气湿度较高的生长环境，生长旺盛时期水分要充足，盛夏炎热天时要经常在叶面上喷洒雾水，既能提高植株叶面与周围环境的空气湿度，又可清洗去叶面的尘埃。冬季生长缓慢，有短暂的休眠期，此时就要控制好浇水量，保持盆土稍有湿气即可。

施肥 在生长期间，每月施1次以氮为主的液肥或腐熟透的有机肥水，冬季进入休眠期时，则要停止施肥。

繁殖 用茎枝扦插进行繁殖，春至秋季均可进行，剪取健壮的茎条，每段带3～4个节，只留下2～3片半叶，插入疏松的园土或湿沙中，也可直接用水插，保持好阴凉湿润就极容易发根。上盆时要每盆合栽3～5枝插穗才能见效果。

应用 绿萝以叶色油亮多彩和耐荫著称，略有光照便生机盎然。利用其蔓性的软茎缠绕附上蛇木杜，可培育成大型的立柱状盆栽；若用吊盆栽培成悬垂植物使用，茎叶下垂时柔美飘逸，是优良的室内吊盆花卉；如洗净根须，栽入一个盛水的透明容器里进行水培，观根与赏叶相得益彰，则别具趣意。

迷你龟背竹 *Monstera deliciosa* var. *expilata*

图 3-6 迷你龟背竹

天南星科，多年生常绿植物，原生种产自美洲热带。常附生于热带雨林中的高树上，迷你龟背竹为园艺栽培种，又名穿孔龟背竹、袖珍蓬莱蕉。叶广卵形，常年碧绿，叶片长仅 8 cm 左右。叶脉间有椭圆形的穿孔，穿孔数多且面积较大，极为耐阴，茎具蔓生状，是近年来新兴的室内悬挂观叶盆栽（图 3-6）。

龟背竹的园艺品种较多，多因叶形奇特，孔裂，形状极像龟背，茎节粗壮如竹竿，故而得名。叶呈心形或歪斜长卵形，全缘或羽状裂叶，叶面上有不规则的孔洞，甚为奇特趣致。除迷你龟背竹作吊盆栽培外，适宜于园林绿化观赏的栽培品种有：多孔龟背竹，叶片长卵形，深绿色，中肋至叶缘间有椭圆形穿孔，穿孔外缘至叶缘的间距稍宽；洞眼龟背竹，大型种，叶厚似树藤，叶片长达 60 ~ 80 cm，深绿色，具有深褐色的气生根，纵横交错；翼叶龟背竹，叶卵圆形，叶长 15 ~ 20 cm，叶基钝圆，叶面浓绿色，叶柄宽扁；斑纹龟背竹，叶面深绿色，点缀有乳白色的斑纹；蔓状龟背竹，叶长椭圆形，气生根发达，茎叶柔软，蔓生性能特别强。

土壤　对栽培土要求不严，种植土以疏松肥沃、吸水及保水性好的微酸性壤土，可用砂质土与腐叶土混合为宜，或直接用花市出售的营养土即可；栽培时最好在土层下埋入腐熟透的有机厩肥作基肥。

光照　喜欢在温和但具有长时间散射光的环境下生长，平时光照

50～60%时叶色便强健。盛夏忌干燥和强烈的阳光直射曝晒，否则叶片容易灼伤，缺乏光泽而影响观赏价值。较耐阴，但光照长期不足也会对植株生长及叶色光泽有影响。

温度 性喜温暖凉爽气候，生育适温在20～25℃之间，夏季高温达32℃以上时，植株生长转弱而进入半休眠期，此时要移至只有散射光的阴凉处养护，并尽量保持环境的凉爽与通风性。

浇水 喜湿润及空气湿度较高的生长环境，生长旺盛时期水分要充足，盛夏炎热天时要经常在叶面上喷洒雾水，来提高植株叶面与周围环境的空气湿度。冬季生长缓慢，就要控制好浇水量，每2～3天浇水1次，保持盆土稍有湿气即可。

施肥 小苗定根后，用腐熟透的有机肥水追肥1次，使其茁壮成长。在生长期间，为使多发新叶，使叶色碧绿而有光泽，可每月施1次复合肥或有机肥水，薄肥勤施，忌施生肥和浓肥，并注意不要让肥液沾污叶面，施肥后最好用清水喷雾一遍。

繁殖 在4～5月份从茎节的先端或茎段处剪取插条，每段带2～3个茎节，去除部分叶片后直接插入沙床中，保持好湿润度，一般4～6周生根，2个多月后便可长出新芽。

上盆时视盆的规格分每盆种3～5株不等，新苗定植后，根据不同的品种分类管理，对一些大型的植株，应设架扶持，定型后注意整株的修剪和造型，力求自然美观。

病虫害防治 高温潮湿天气下易被介壳虫所害，少量可用旧牙刷清洗去虫，或用40%氧化乐果1000倍液喷洒。常见病害有叶斑病、灰斑病和茎枯病，可用65%代森锌可湿性粉剂600倍液喷洒防治。

应用 龟背竹以其奇特的叶片与形状，耐阴性及装饰性较强的特性，成为人们喜爱的观叶植物。大型种类适用于庭园环境的绿化，常散植于水池旁或溪沟边，十分自然大方。在南方，多见用蛇木柱支撑生长成附立式的龟背竹盆栽，成为大型写字楼及宾馆大厅的室内观叶摆设材料。

迷你型龟背竹是较好的室内吊盆观叶材料，用其栽培成的悬挂盆栽作为居室的空间布置，四季常青又耐荫持久。

蔓性天竺葵 *Pelargonium Peltaum*

图 3-7 蔓性天竺葵

牻牛儿苗科，多年生肉质草本花卉，原产南非好望角一带，又名盾叶天竺葵、藤本天竺葵、爬蔓绣球。本属园艺栽培品种众多，株高 20～30cm，有直立和半蔓两种，茎肉质多汁，基部稍带木质，被细毛具有异味。叶圆形或肾形，互生，有的品种叶面有较明显暗红色马蹄形环晕，叶色分翠绿，黄绿、黑紫、斑叶等变化，作为悬垂花卉盆栽，应选用蔓性天竺葵品种为宜（图 3-7）。

土壤 对栽培土要求不严，种植土以疏松、肥沃的砂质土与腐叶土混合为宜，或直接用花市出售的营养土即可。

光照 喜欢在温和的散射光下生长，平时日照在 70～80%的环境下叶色才能鲜艳强健。家居摆设要放置在阳光明媚的阳台上；盛夏忌强烈的阳光直射曝晒，但光照不足也会对植株生长及叶色、斑纹有影响。

温度 性喜温暖凉爽气候，生育适温在 15～25℃之间，忌高温多湿，在全日照或半日照的环境下都能生长良好，夏季高温时，花后的植株生长转弱而进入半休眠期，此时移至只有散射光的阴凉处养护，并尽量把枝条修短，保持凉爽与通风性，使其顺利越夏。

浇水 喜湿润及空气湿度较高的生长环境，生长旺盛时期水分要充足，盛夏炎热天时要经常在叶面上喷洒雾水，来提高植株叶面与周围环境的空气湿度。多雨的季节如通风不畅，积水过久会导致落叶烂根的现象。冬季生长缓慢，就要控制好浇水量，停止施肥，保持盆土稍有湿气即可。

施肥 小苗定根后，用腐熟透的有机肥水追肥1次，使其茁壮成长。在生长期间，每半个月施1次复合肥或有机肥水，现蕾后可适当多施磷钾肥，冬季进入休眠期时则要停止施肥。

繁殖 用扦插育苗，早春或秋凉后均可进行，把生长势健壮的顶端嫩梢剪下，8cm左右为1段，削去基部叶片，放置于通风处略晾干，插条的下部包个小泥头，然后斜插入湿沙中，置于半阴处或用黑网遮阴，保持沙床70%湿度，约20天便出根，略见阳光。

上盆时每盆种3~5株才能见效果，移栽时要带好土团，尽量使根须完好无损，否则损伤了的根须较易腐烂，影响成活率。待小苗发出几片新叶时，摘心1次，促使多发分枝。

病虫害防治 高温潮湿天气下，容易受线虫的侵害，造成烂根及叶片枯萎脱落，平时要做好预防工作，可用百菌清1000~1500倍液喷雾。也可用呋喃丹1800倍液灌根进行土壤消毒。

应用 蔓性天竺葵的花姿娇艳，盛花时节着花众多，花、叶飘逸竞妍，甚为柔美明艳，多在春季的3~5月开花，自然花期较长，从11月至翌年5月份都能陆续开花。部分品种的叶缘具有波状浅裂，花后剪去残梗，又可当观叶植物来欣赏，是布置南向阳台、私家庭园理想的地栽或垂吊花卉材料。

矮牵牛 *Petunia hybrida* Vilm.

茄科，多年生草本花卉，原产南美洲，是经过杂交培育而成的园艺品种，现各地均见栽培，多作一、二年生草花栽培，别名有：碧冬茄、撞羽朝颜、毽子花、番薯花等。株高20~50cm，茎细长软而匍地生长，全株有白毛。叶互生，嫩叶略对生。卵形，花单生于叶腋及顶生，花冠漏斗状，花萼5裂。花色众多，有红、粉、紫、玫红等，

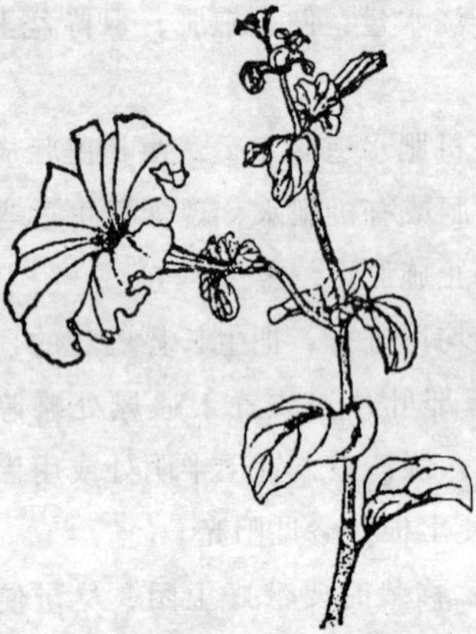

图 3-8　矮牵牛

不少园艺种还间有多种颜色的条纹、网纹、斑纹及花边。

矮牵牛分单瓣、半重瓣与重瓣种；有花冠边缘起伏的皱边种；有株高约 20cm 的矮生种及垂吊型栽培种（图 3-8）。

土壤　对栽培土要求不严，盆土肥沃要适宜（如土壤过肥小苗易徒长），以排水良好、轻松沙质的田园土为宜，或直接用花店出售的营养土即可。

光照　喜欢在温和但充足的散射光下生长，平时在 60～80％的日照下叶色才能鲜艳强健。家居摆设要放置在南向阳台的棚架下，忌盛夏强烈阳光的直射曝晒，但过于阴暗对植株生长及开花也会有影响。

温度　性喜温暖，忌阴雨多湿，生育适温在 17～28℃之间，夏季高温炎热的天气下，南方盆栽的植株多会在花后生长转弱或萎凋，故可弃之，待秋凉后再重新育苗栽培。矮牵牛不耐寒，气温低于 10℃时，叶片会萎黄脱落，冬季最好是放在温室内养护，停止施肥，减少浇水量。

浇水　喜湿润及空气湿度较高的环境，生长旺盛时期水分要充足，平时浇水应见干见湿，要掌握阴雨天不浇，小苗期和冬季天冷时少浇的原则，盛夏炎热天时可多浇。并常在植株周边喷些雾水降温，增加叶面与周围环境的空气湿度。冬季生长缓慢，有短暂的休眠期，此时就要控制好浇水量，保持盆土稍有湿气即可。

施肥　生长期间每 20 天左右施肥 1 次，复合肥或腐熟透的有机肥水均可，开花时节可适量多施些磷钾肥，施肥不必过浓与太密，多肥较容易引起枝叶徒长而影响观赏。冬季长势转弱时则要暂停施肥。

繁殖 播种在春秋两季均宜，种子细小宜盆播，播后不必覆土，用“盆底浸水法”让盆土湿润后，置于阴凉背风处。春播苗晚上要盖薄膜保温，白天用喷壶喷雾，在 20～25℃的环境下 7 天便出苗整齐。当出现 2 对真叶时即可分苗移栽。

可用嫩枝进行扦插，插穗每段 5～7cm，斜插入素沙或砂质培养土中，放在弱光背风处，保持基质微湿，半月左右便生根，待长出新梢后摘心 1 次，促使多分枝。

应用 矮牵牛的观赏花期较长，花谢后及时剪去开过花的老茎，太密的枝叶也清理一遍，控制好披垂枝条的长度，促使萌发新的枝芽。管理得好，自初春到中秋花开络绎不绝，簇锦而灿烂。园林绿化多作布置花坛、景点草坡上的地被花卉。家庭盆栽，可置于阳台花槽或作为吊盆花卉垂挂于门廊、窗沿或棚架下，悬垂的花姿与柔美的叶色相映成趣，均有不错的观赏效果。

袋鼠花 *Nematanthus glabra*

苦苣苔科，多年生草本，杂交种，现各地均见有栽培，是近年来新引进的园艺栽培品种，又名丝花苣苔。株高 15～30cm，枝条交织，呈平展状从盆沿向四周披垂，叶对生，阔椭圆形，质厚，叶色深绿而有光泽，叶背面粉绿，在叶中间有块枣红色的色斑，老叶色斑变淡（图 3-9）。

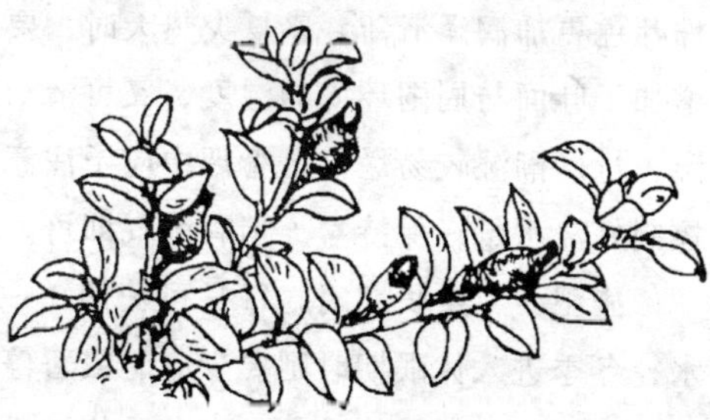

图 3-9 袋鼠花

花期 2～4 月及 9～10 月，腋生，花型奇特趣致，橙红色的筒状花两头细，中间膨大成袋状，花蕊就裹藏在“袋”内，袋口如一个翘嘟嘟的小嘴巴，整朵花就酷似袋鼠的腹部，因形而得名。在美国，有人称它为“金鱼花”，日本人则称之为“河豚花”，德国人又叫它“亲嘴花”，可谓形象之极。花开时节，橙红色的袋型花簇挂在绿叶之间，别有一番欢愉的感觉。

土壤　盆土以质地肥沃的腐殖土与田园土（2:1）掺和使用为好，或用花店出售的营养土即能生长良好。

光照　成苗后对光线适应力较强，耐荫性能好，但在温和、明亮的漫射光下生长最佳，叶色也鲜艳强健。孕蕾前后要有70～80%的光照才能利于花芽的分化。室内摆设要定期移至户外养护，栽培环境日照良好才能生长健壮。

温度　性喜温暖，生育适温22～28℃，不耐高温，怕热，盛夏气温在33℃以上时会生长缓慢，甚至出现局部性落叶，此时应移至阴凉通风处养护。在冬季温度降至约10℃时，叶片就容易受寒而枯黄，故需做好防寒工作，把盆栽移入室内或温棚里。

浇水　喜空气湿度较高的环境，生长旺盛时期水分要充足，使植株叶色更加润泽清新。盛夏炎热天时，要经常在叶面上喷洒雾水，既增加了叶面与周围环境的湿度，又可清洁叶面灰尘，平时浇水见干见湿，过度潮湿较易烂根，管理中应予注意。冬季生长缓慢，此时就要控制好浇水量，保持盆土稍有湿气即可。

施肥　在生长期间，每月可薄施1～2次复合肥或腐熟透的饼肥水，冬季进入休眠期时则要少施肥或暂停施肥。

繁殖　用扦插法育苗，春秋季均可进行，选取成熟适中的上部枝条或顶梢作插穗，每段长6～7cm，摘去枝条下面的两对叶片，直接扦插入疏松的园土或素沙中，用黑网遮阴使苗床保持通风凉爽。

插穗基质在出根前不能过湿，稍为潮湿便可，在20～22℃的地温下，25天左右便见发根，待根须生长丰富后，可视苗的强弱情况，选苗分批移植，盆栽每盆合植 6 ~ 8 株扦插新苗不等。待移植新苗生长稳定后，可利用摘心法来促进多分枝，使株型丰满均匀。

应用 袋鼠花玲珑别致，以适应性强和耐荫而著称，长期摆设在明亮的室内也能翠绿油亮，甚至放在有冷气开放的房间，照样生长得健壮茂盛，成为时尚人士喜爱的桌上宠物。家庭栽培，不论观花或赏叶都相宜，若不加修剪，任其枝叶悬垂扩展，则是一盆不错的垂吊观赏盆栽。

喜荫花 *Episcia cupreata*

图 3-10 喜荫花

苦苣苔科，多年生常绿草本植物，原产墨西哥、巴西，现各地均见栽培。别名有：红桐草、小红苣苔等。

株高 15 ~ 20cm，枝茎柔软多肉，密被白色绒毛，植株常蔓生成匍匐悬垂状。叶对生，卵状肉质，叶面多皱，具银白色的中肋及支脉，有明显的网纹状，叶背浅绿或淡红色。花期春季至初秋，小花鲜红色，单生或呈簇生于叶腋间，花梗细长，甚为娇美可爱（图 3-10）。

土壤 盆栽要求土壤疏松透气、排水良好，可用园土、腐叶土和河沙等量混合并加少量基肥配制，也可直接用花市商店出售的营养土即能生长良好。

光照 生长期间的光照在 60% ~ 70% 为佳，若日照太强，叶片较容易灼伤泛黄；光照不足又会使枝条徒长纤弱，也影响开花。所以必须创造半阴半阳的栽培环境，才能利于花芽的分化，促使叶色生长鲜艳强健。

温度 性喜温暖湿润和半阴的环境，不耐寒，怕强光和高温，生长适温为 20 ~ 30℃，冬季要防寒，越冬温度不能低于 10℃，生长期间要求较高的空气湿度和良好的通风环境。

浇水 保持盆土湿润即可，如水分过多会造成植株腐烂死亡，盛夏炎热天可在叶面上喷些雾水，增加叶面与周围环境的湿度。冬季保持盆土稍干，以利于抗寒越冬。另外，喜荫花叶面多毛，注意不要损伤叶片，以免在较高湿度下造成腐烂或感染褐斑病，平时可用50%多菌灵可湿性粉剂1000倍液喷雾防治。

施肥 由于花期长，平时要多注意肥水的供给，栽培时最好在土层下埋入有机厩肥作基肥。在花期要多施些磷钾肥，以保证多萌花芽，开花不断。施肥时注意不要把肥水洒到叶面上，否则易引起叶片腐烂。

繁殖 一般用扦插和分株来繁殖。喜阴花的分蘖能力较强，分株在5~6月进行，将伸展的植株匍匐茎连根茎一起分切下来种植，每丛母株可分栽成若干盆。扦插多采用叶插法，从春到秋季均可进行，将叶片连柄剪下插入河沙或蛭石中，保持一定的湿润度。约半个月左右可生根。

也可将根茎部长出的子株切下扦插，待根须生长成丛后即可上盆，每盆合植6~8枝扦插新苗为宜。

应用 喜荫花以丰满的叶丛和色彩鲜艳的小花而著称，是较好的室内耐阴观叶小盆栽，植株小巧可爱，花期较长，花与叶俱美，盆栽适合居室、阳台的绿化摆设，栽培成吊盆植物，在有较明亮散射光的室内可长期悬垂欣赏。作为花园的地被植物，也可与较大的植物配合使用，较易产生富有色感与层次的立体效果。

口红花 *Aeschynanthus lobbianus*

苦苣苔科，多年生草本，又名花蔓草，原产印度尼西亚至印度东部的热带地区，粗生易养且花期长，现各地均有栽培。

口红花枝茎柔软，呈匍匐性或悬垂性。枝条下垂长可达30~70cm，茎绿色。叶对生，长卵形，全绿，质厚富有光泽，叶面浓绿色；花序多腋生或顶生，夏、秋季开花，花着生于枝端。花萼筒状，黑紫色披绒毛；花冠长筒状，鲜红色，从花萼中伸出，状似口红出鞘，十分精致。耐阴性好，悬垂姿态优雅，适合盆栽。其花叶皆具较高的观赏价值，是近年来较受人欢迎的优良垂吊植物（图 3-11）。

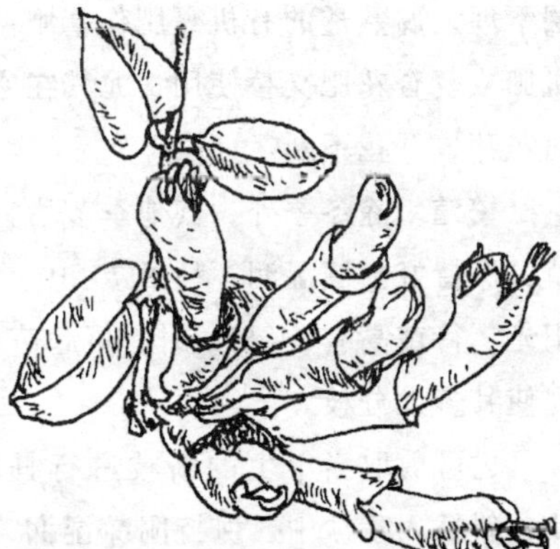

图 3-11　口红花

种类众多，较常见的品种还有：毛萼口红花，茎紫褐色，叶卵圆形对生，墨绿色而富有光泽，叶片边缘紫色，花萼筒状，披有白色绒毛，花筒状，鲜红色，花冠上有乳白色条纹；斑纹口红花，叶卵形，肥厚，对生，叶色翠绿，叶面有规则的深红色斑马纹，叶背斑纹紫色，花小，淡黄绿色；细萼口红花，叶色翠绿有光泽，花深红色筒状；美丽口红花，叶较大，花萼浅绿色，花冠橙色。

土壤　喜温热，性强健，要求土壤排水良好、略呈微酸性。盆栽可直接用花市出售的营养土即能生长良好。

光照　性喜温和、散射光照较足的环境，忌强烈的阳光直射。生长期的日照在50～70%之间为好，过于荫蔽的枝条会徒长纤弱，也影响开花。

温度　生长适温为20～30℃，耐寒性弱，露地种植要注意做好防寒工作，冬季气温低于15℃时需移至温暖避风处越冬。冬季叶片受冻后较容易枯黄，盆栽要少浇水或只作1年生草花栽培。

浇水　较耐旱，忌湿怕涝。平时盆土浇水不宜过多，每周浇水4～5次即可。生长旺盛时期浇水可充足些，盛夏炎热天时要经常在叶面上喷洒雾水，增加叶面与周围环境的湿度。

施肥　由于花期长，平时要多注意肥水的供给，栽培时最好在土层下埋入腐熟透的有机厩肥作基肥。生长期间每月追施1次液肥，有机肥或复合花肥交替使用，尤其在盛花期要多施些磷钾肥，以保证多萌花芽，开花不断。

繁殖 除冬季外，其他季节均宜播种，播种后薄覆一层细土及枯草，保持好土壤湿润，种子7~10天便发芽，此时去掉覆盖物，略见阳光，待苗高有5~8cm时，可起苗上盆定植。其间要进行多次摘心，促使其多发分枝。

也可剪取当年生的新枝进行扦插，每段8~10cm，去掉部分叶片，斜插入素沙中，保持阴凉湿润，1个月左右便能发根，待根须生长成丛后即可上盆，盆栽每盆合植5~8枝扦插新苗为宜。

应用 口红花多作悬垂盆栽花卉来培植，花期较长，若管理得好，春末至夏季均有花可赏，由于耐荫性较好，花色艳丽，悬垂而下的姿态飘逸优雅，是室内外吊盆花卉的优良品种之一。

细叶鲸鱼花 *Columnea* ‘*Stavanger*’

苦苣苔科，多年生草本花卉，原产非洲热带东部或园艺栽培种，现世界各地均有栽培，又名科伦花、小叶金鱼花。株长20~60cm，茎条柔软蔓生而稍有弹性，枝条细长下垂，密披棕色茸毛；节间较短，上面生有根和对生的小叶；叶片卵圆形，深绿色，多肉质。花期自冬季至翌春，自叶腋间抽出，稍平行或直立生长；花呈合瓣筒状，较大，先端深裂，上唇4裂、下唇向下弯曲，红色，喉部有黄色斑点，整个花形尤似鲸鱼而得名（图3-12）。

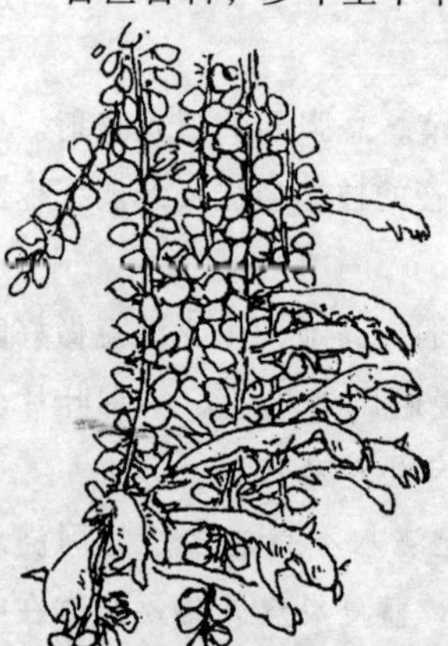

图3-12 细叶鲸鱼花

土壤 盆栽要求基质富含腐殖质、

疏松、排水良好，种植土一般可用泥炭土、珍珠岩或素沙（2:1）混合，忌用粘性土；或用花市出售的营养土即能生长良好。

光照 对光线适应力较强，耐阴性能好，但在温和、明亮的漫射光下生长最佳，叶色也鲜艳强健。日照在50～60%为好，忌盛夏强烈的阳光曝晒。为促进花芽的形成，秋季给予照射阳光，并保持盆土稍干燥；冬季休眠时要放在干凉环境，促使花芽分化；冬季开花前可适当增加光照，在室内需移至光照较明亮的窗口处，以确保生长旺盛及开花灿烂。

温度 忌炎热，高温多湿时容易引起茎枝软腐死亡。如发生这种情况要及时剪去软腐部分，注意通风良好。鲸鱼花原产于美洲热带森林，在产地附生在林中的树干和岩石上。性喜温暖湿润，生育适温为18～28℃，不耐寒，冬季气温低于13℃时，会导致叶片发黄脱落，要做好防寒工作。

浇水 冬季有短暂的休眠期，这期间要少浇水，保持盆土稍有湿气即可。开花期与生长旺期可适当多浇水，并经常喷些雾水来增加生长环境的空气湿度。平时适量浇水很重要，盆土不干不浇，浇则浇透，忌积水或土质板结，若排水不畅，根茎较容易腐烂。

施肥 如基肥充足，生长期间每月施1～2次腐熟透的有机肥或复合肥即可，孕蕾时则多施以磷钾肥为主的肥水，少施氮肥。

繁殖 家庭一般常用扦插方法繁殖。春秋两季剪取长约10cm左右（3～4个节）枝条，插于河沙或蛭石合成的湿沙中，保持阴凉湿润，在20～25℃的温度下，约一个月便可出根；生根成活后加强管理，视生长情况进行摘心1～2次，促使多发分枝，让株形日趋丰满美观。经1～2个月后可上盆种植。

应用 鲸鱼花枝叶茂密，耐荫性好，茎蔓悬垂自然，盛花期开花较多且花大色艳，颇具观赏效果，是一种较好的观叶和赏花相兼的吊盆植物。

图 3-13　炮竹红

炮竹红 *Russelia equisetiformis*

玄参科，多年生草本，原产墨西哥，我国南方均见栽培，又名炮仗竹、吉祥草、花丁子等。茎细长匍匐成簇状，成株丛生，叶退化为披针形的鳞片。花顶生，排成2歧聚伞花序，时有单生，花色鲜红，花冠呈长管圆柱形，外观尤似一个个细小的"鞭炮"，在翠绿枝蔓的衬托下，格外醒目艳丽（图 3-13）。

除冬季外，炮竹红几乎全年均能见花，若栽培土质肥沃，整株成熟的细茎都能开花，尤其是入夏到中秋最为灿烂，成束的小红花如流星般挂满枝头，显得红绿相间有致，十分柔美绰约。

土壤　栽培土质以肥沃的田园土或疏松的砂质土为佳，或用花市出售的营养土即能生长良好；每年倒盆换土栽培时，可在土层下埋入腐熟透的有机厩肥作基肥。

光照　性喜温暖，较耐干旱及高温，生长环境日照需充足，长时间的日照才能促使花芽分化成熟，花繁叶茂。对光线适应力较强，在半阴的地方也能生长良好，只是开花甚少，多作常绿草本种植。

温度　性喜温暖多湿，生育适温 22～28℃，在冬季温度降至 5℃时，叶片就容易受寒而泛黄，故需做好防寒工作。

浇水　平时浇水见干见湿，浇则浇透，盛花期及炎热天时适当勤浇，在叶面上喷些雾水增加湿度。长期阴雨天要注意及时排水防涝，以免滞水引起根茎腐烂。

施肥　炮竹红需肥不多，每月施肥 1 次便可，但在生长旺盛期与孕花期间可多施些，用腐熟的有机肥水或复合肥均可。

繁殖 用分株或压条法；炮竹红生性强健，根系再生能力较好，老株在根部容易成丛并萌出幼株来。春暖发芽前，连株带根一起掰下，剪去部分茎叶及枯枝，直接移植在砂质土中，保持湿润并适当遮阴，不久便会发出新梢，长成一丛新的植株。

压条繁殖是将匍匐倒地的健壮茎枝，用砂质土浅埋上几段，用枯草盖住并保持湿润，待茎枝生出新根后，分段剪割后另栽。

应用 炮竹红的茎枝柔软，管理粗放且耐旱性能好，在较少的地域里就能扎根开花，维持盎然生机。园林上多利用其蔓性作垂直绿化材料，如挡土墙的边沿装饰，阳台花槽、庭园柱廊的壁挂或作立面盆栽等，如栽培成悬垂式吊盆来悬挂，轻盈婀娜中有不错的观赏效果。

吊　兰 *Chlorophytum comosum*

百合科，多年生常绿草本，原产南非，现各地均见栽培。又名吊竹兰、折鹤兰等。叶片狭长柔软弯垂，呈宽线形，总状花序，在华南地区几乎大半年均见花开，细长的花茎从叶丛中呈弧形抽出，长可达30～50cm，每个花茎有白花2～3朵。在开花的同时，一些匍匐枝的顶端又会萌生出带气根的小株来，大株附连着小株垂吊而下，甚为飘逸柔美，故得“吊兰”之雅称（图3-14）。

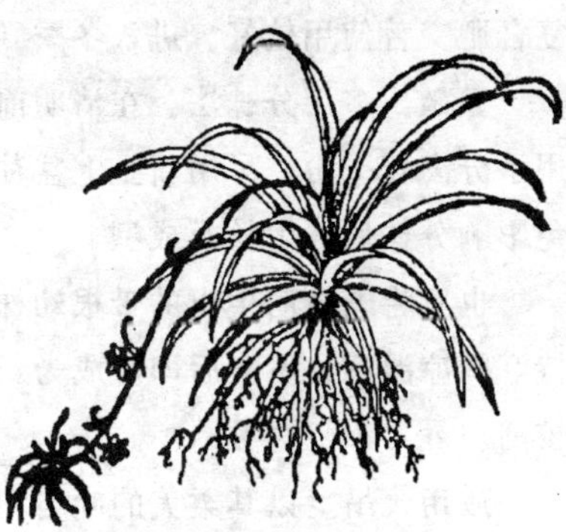

图3-14　吊　兰

吊兰因叶色的不同分有几个品种，如金心吊兰、金边吊兰、银边吊兰等。

土壤 种植土用疏松、排水性好的腐殖土或沙质田园土为宜，或用花市出售的营养土；春季倒盆换土 1 次，栽培时在土层下埋入腐熟透的有机厩肥作基肥。

光照 较耐阴，室内摆设一段时间后，要定期移至户外养护，日照在 50～60% 为宜，在温和、明亮的漫射光下生长的叶色才鲜艳强健。对光线适应力较强，但在强烈阳光下曝晒也会出现黄叶现象，在管理中应予以注意。

温度 性喜温暖与半阴的环境，耐寒性较弱，遇上霜冻天气，若不注意防护，叶尖就容易受寒而枯黄，温度低于 4℃时要移入室内过冬。

浇水 喜湿润及空气湿度较高的生长环境，平时浇水要充足。炎热天时还需经常喷雾水于叶面增加湿度，保持叶色青绿新鲜；冬季生长缓慢，就要减少浇水量，盆土稍有湿气即可。

施肥 生长期间喜肥，每月可施肥 1～2 次，用有机肥水或花卉复合肥交替使用较好，进入冬季则要少些施肥。

繁殖 多用分株法，在清明前后结合换盆时进行，对成丛的老株用手分离若干份，另用新土上盆种植即可，注意分株数不宜过多，以免影响分株后的生长及成型。

也可将老枝萌生出的带根幼株剪下，浅植于疏松的腐叶土中，保持好阴凉湿润，不久后即可成为新株，此法全年均可操作，成活率也较高。

应用 吊兰以其柔美的叶姿和耐荫性赢得人们的好口碑，由于栽培容易，管理粗放，略有光照便能维持盎然生机。十分适宜用吊盆栽培成悬垂植物，也可作为阳台花槽和庭园花架下的常绿植物栽培。选上几段有气生根的枝条，剪离母株，直接插入一个透明容器进行水培，让气生根长成真根，其间定期换水及施点水生复合肥，它便生长茁壮而盎然，在观看叶色的同时，又可欣赏到优美的根须，别有一番清新韵意。

天门冬 *Asparagus sprengeri*

百合科，多年生半蔓性草本植物，原产南非，现各地均见栽培，又名武竹、天冬草。常见栽培的同属品种有：短天门冬、卵叶天冬草、松叶天冬草、斑叶天门冬等。目前在花市上还流行栽培一种狐尾天门冬，枝条成直立形，密生小叶组成如狐尾状，美丽异常且时尚，很受年轻人的喜欢。

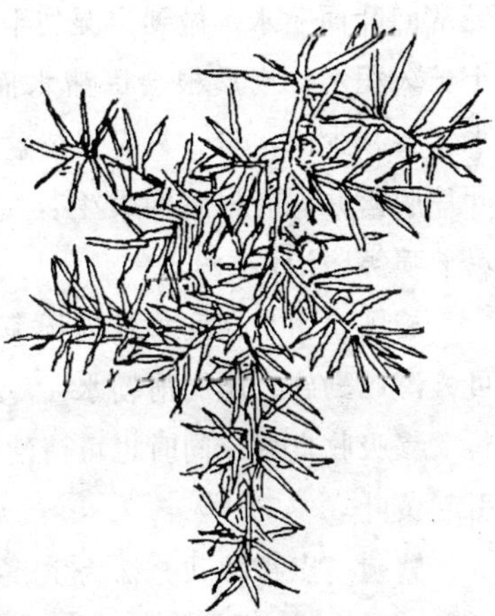

图 3-15　天门冬

具有长椭圆形的地下肉质块根，茎丛生而下垂，基部木质化，半蔓生而多分枝，叶退化成变态的叶鞘状，先端较尖细，数枝簇生。小花淡红色至白色，有香味；丛生茎与成年枝叶易呈下垂状覆盖于盆沿。浆果鲜红色，形如珍珠，10～11 月成熟（图 3-15）。

土壤　喜疏松肥沃、排水良好的土壤，种植土条件要求不严，盆栽可用泥炭土、园土和少量河沙混合配制，栽培时可在土层下埋入少量腐熟透的有机厩肥作基肥；或用花市商店出售的营养土。

光照　在温和、明亮的漫射光下生长为好，室内摆设一段时间后，要定期移至户外养护；强烈的阳光下植株生长较缓慢，叶色泛黄而影响到观赏价值；耐阴性能好，但过阴也会导致植株徒长，叶色也显得纤弱无光。

温度　性喜高温湿热和半阴的环境，畏冷，怕旱、忌干燥，也怕积水；对温度非常敏感，生长适温为 18～25℃，冬季要做好保温工作，越冬温度不能低于 8℃，否则较易受冻而产生枝叶发黄等现象。

最好用大塑料袋罩上花盆防风保温，以利植株安全越冬。

浇水 春至秋季其生长旺盛，应保持盆土湿润，盛夏炎热天时要经常向叶面喷水，做到宁湿勿干，不要待盆土干透才浇；但也要忌盆土长久积水；肉质根会因滞水而烂根。冬季浇水不能用太低温度的水，要减少浇水量，只需保持盆土稍有湿气便可，过分的湿润会产生叶片脱落并偶有根腐病发生，发病时应及时用1000倍托布津或多菌灵液喷雾防治。

施肥 生长期间每月施稀薄液肥1~2次，复合肥或有机肥水均可，薄肥勤施，施肥前勒水1~2天，施肥后即回清水1遍，好让肥料下渗吸收良好，同时也可清洗一下叶片，避免肥水污染了叶片后而引起黄叶。

繁殖 以播种和分株为主，播种可摘取成熟的浆果，将果肉洗净后即可播于浅盆中，略覆薄土，加盖玻璃片或塑料薄膜恒温，保持盆土湿润，在20~25℃的温度下25天左右即可发芽，待苗高8cm时即可移栽上盆，每盆合植5~8株小苗为宜。

天门冬再生能力强，在春季可结合换盆进行分株，选择生长茂盛的丛生植株，连根带茎一起分离成若干份，每份的根系要保留有5~7个块根，另择花盆栽培即可，先置在半阴处养护，待萌出新梢后再按常规管理。

应用 天门冬叶色翠绿，茎叶下垂时柔美飘逸，是优良的室内观赏盆栽，可用于居室的茶几、窗台等处绿化。近年来，有人把它逸化为悬垂花卉栽培，利用其茎枝柔软、绿叶纤细且具有动感的特点，栽成吊盆悬挂或作插花的衬景材料；入秋后，茂盛的枝叶和红艳的浆果相映成趣，十分悦目。

美女樱 *Verbena hybrida*

马鞭草科，宿根性多年生草本，常作1~2年生草花栽培，原产巴西、秘鲁等地，系种间杂交种，又名四季绣球、铺地锦、美人樱、苏叶梅等。叶长卵形或矩圆形，对生，叶边有稍粗的圆齿，全株披有灰色长毛。花顶生，穗状花序多呈伞房状排列，盛花期4～9月，花色丰富，有桃红、紫、蓝、粉、白等。有茎枝匍匐或半直立品种（图3-16）。

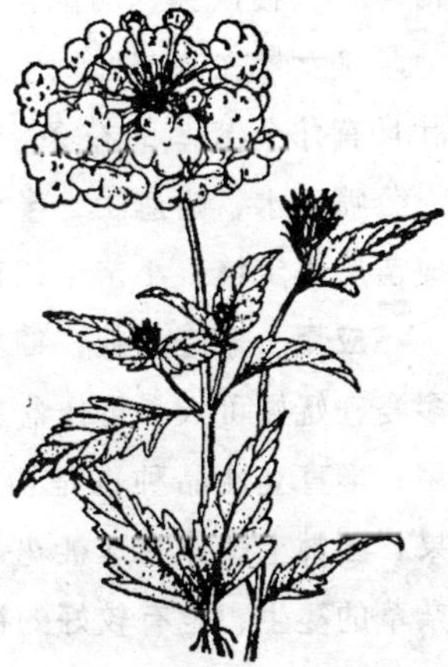

图3-16　美女樱

土壤　栽培土以肥沃疏松的沙质土为佳，预施入少量有机厩肥作基肥，盆栽以质地肥沃的腐殖土与田园土(1:1)掺和使用，或用花市出售的营养土即可。

光照　生长环境要阳光充足，只有在日照充足的环境下，植株才能生长茂盛、花序繁多。作为悬垂花卉栽培，过荫或干旱都会影响开花质量，要放在有温和、明亮漫射光的地方，叶色才能鲜艳强健。

温度　性喜温暖，较耐高温，在20～30℃的温度下均能生长繁茂，美女樱略能耐寒，华南地区老株可留在露地过冬，北方低温天时需移置温室内保养。

浇水　平时浇水干湿适量，生长旺盛时期水分要充足，盛夏炎热天时要经常在叶面上喷洒雾水，增加叶面与周围环境的湿度。由于植株低矮匍匐，高温多湿天气时要进行疏枝通风，雨天滞水后的根茎极容易发软腐烂。

施肥　在生长期间，每半月施肥水1次，薄肥勤施，开花时节适当增施些磷钾肥。进入冬季可适当减少施肥或停止施肥。

繁殖　用播种或扦插法，从播种到见花大约要3个月的时间，种子先用水浸泡一下，掺上细沙撒播，保持湿度，在16～20℃的温度下

15～20 天便出芽，幼苗长出 5～6 片叶时可移起定植。

美女樱在基节处易生出不定根，扦插成活率高。清明前后选取健壮且有几个节茎的枝条，每段 10～15cm，斜栽在疏松的沙质土中，充分喷透水，略遮阴，半个月后便会发根，生根后置于半荫处，培育成苗后再定植；小苗生长正常后摘心 1～2 次，以促使多分枝。

应用 家庭盆栽，匍匐性品种的枝条多横向溢出盆边，形态飘逸多姿，妩媚可人。可作盆栽置于阳台、窗台摆饰或栽培成悬垂植物使用；半直立性品种也是切花的良好材料，瓶插水养有不错的观赏效果；园林上多作为地被花卉栽植在草坪或向阳的坡地上，密植能遏制杂草的蔓生，也有较好的视觉景观。

金莲花 *Tropaeolum majus*

金莲花科，多年生草本花卉，园艺上多作一年生栽培，原产秘鲁、墨西哥等地，又名旱金莲，旱荷花、矮金莲、荷叶莲等。株高 20～25cm，有矮性直立与半蔓性品种，半蔓性品种茎细长蔓生，能匍匐地面或悬垂生长；单叶具长柄，叶呈圆形或盾形，尤如微型荷花叶，故又名旱荷花（图 3-17）。

花着生于叶腋下，梗细长，有单瓣和重瓣之分，花色有淡黄、橙黄、深红、乳白或杂色等。种子肾肚形，核果成熟时自然脱落，有自播行为，留种须注意采收，种子晾干后用少量沙或泥掩藏，否则较容易失去发芽力。

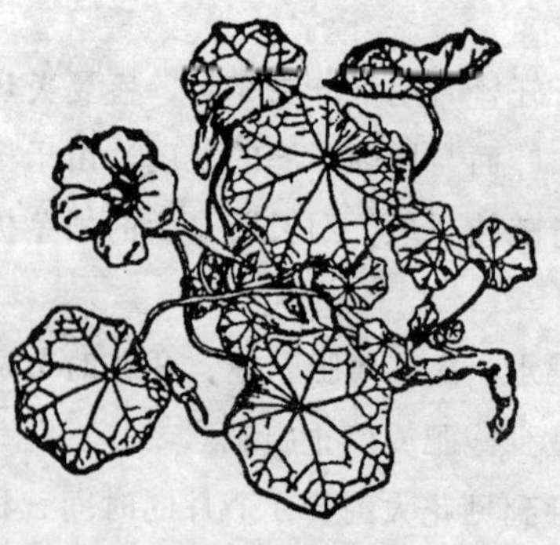

图 3-17　金链花

土壤 种植土以排水良好又含腐殖质为宜，可将腐叶土与泥炭土（2:1）掺和后使用。或用花市出售的营养土即可。

光照　有一定的耐阴性，但在温和的阳光下生长最佳，叶色也鲜艳强健。

温度　性喜温暖、湿润的环境，生育适温20～28℃，金莲花属肉质草本，耐寒性差，气温偏低时茎叶会泛黄而凋萎，要注意做好防寒工作，霜降前最好是移入暖棚内过冬。忌高温，炎热天时注意遮阴降温，置于通风凉爽处养护，待秋凉时再按常规管理。

浇水　浇水要适量，土质见干见湿为好，太干旱则叶片易发黄，潮湿或积水过度又会烂根；盛夏炎热天有短暂的休眠现象，此时应减少浇水量，保持盆土稍有湿气即可。尤其是雨天更需做好排水的工作。

施肥　管理粗放，生长期间不宜多施肥，每月施稀薄肥水1～2次便可，若见茎叶旺盛，则不必施肥，或只施少量磷钾肥而不用氮肥。叶片过于繁盛时，会影响植株的开花，就要摘除一些叶片或再作移植，消耗部分养分，促其开花。

繁殖　从播种到开花需100天左右，南方在9月下旬播种，先浸种30～50分钟，使其吸水软化，点播后覆细土0.5cm，保持湿润，在15～20℃温度下，7～10天便可发芽，两个星期后可间苗移植，略见光照，过1个月即可定植，随后视生长情况，利用摘心促发分枝或进行引蔓造型。也可用茎枝扦插进行繁殖，春至秋季均可进行，掐取健壮的老枝茎部萌发的嫩枝，斜插在疏松的园土或素沙中，保持阴凉与湿润，不久便能发根。

应用　金莲花的花期从早春到初夏持续开放，清新别致的叶片也具观赏性，园林上多作庭园、花坛上的绿化，作为大面积的绿地花带栽培，视觉效果甚为妩媚可人；同时，利用其茎叶的匍匐特性进行盆栽制作成吊盆、花篮悬挂，也可装饰阳台或窗台檐口的花箱，匍匐性的枝叶外延溢出盆口，花与叶并茂，十分柔美怡人。

松叶牡丹 *Portulaca grandiflora*

图 3-18　松叶牡丹

马齿苋科，一年生或宿根多年生肉质草本，原产南美洲，现各地均见栽培，管理上较粗放。是夏季在园林布置上能较好展现艳丽景观的草花，别名有：龙须牡丹、太阳花、半支莲和洋马齿苋等。

株高15~20cm，茎枝柔软，呈半匍状蔓生、肉质。叶互生，花1~3朵簇生茎顶，叶片肉质状似松叶，故得名。花朵有单瓣和重瓣品种。花色丰富，有红、桃红、黄、紫、白等色，开花期长达半年之久，同属品种还有阔叶半边莲，又名太阳之花，是园艺栽培种，叶片较宽大，呈长卵形或倒卵形，花单瓣，但具有众多的花色，花开时甚为娇艳，习性与栽培方法与松叶牡丹大致相同（图 3-18）。

花后会结蒴果。种子成熟时能自动散落，有自播行为，留种要适时采收。

土壤　种植土条件要求不严，以疏松、肥沃的沙质田园土或花市出售的营养土为宜。习性粗生，较耐旱，在贫瘠干旱的沙砾地上也能开花。

光照　此花特点是随日出而绽开，骄阳下开花最盛，午后或阴天便凋谢；生长期间要求有充足的阳光，明亮的光照下对茎枝健壮与花芽的分化最有好处。

温度　性喜好阳光、高温；盆栽切忌在室内长久放置，应定时移至室外多晒太阳。日照充足才能开花茂盛。光照不足会使生势纤弱，花和叶渐渐变小及少开花。不耐寒，气温低于15℃时生长不振，遇霜冻植株会呈现凋萎状态，此时可淘汰弃之，翌年再作繁衍，也可移入温室内避风保养，并减少浇水及停止施肥。

浇水 土壤宁干勿湿，维持土质半干燥的状态下便好。除幼苗期外，平时隔 2 ~ 3 天不浇水也死不了，较适宜平时繁忙的人士种植，被称为“懒人的花卉”，雨天应避免积水与淋雨。

施肥 6 ~ 9 月日照充足，是开花最灿烂之时，此时应保证供足养分，每 15 ~ 20 天施 1 次复合肥或腐熟透的有机肥水，薄肥勤施，施肥前勒水 2 ~ 3 天，施肥后即洒清水 1 遍，让肥料下渗。

繁殖 4 月份将种子在细沙上撒播，不用覆土。也可把种子直接播在需绿化的地方，每天喷洒雾水使土质潮湿，5 ~ 7 天就能发芽整齐，出苗初期生长较缓慢。要多见阳光，当小苗长出叶片并有肉质枝条时，及时分苗和定植。

它再生能力强，6 ~ 7 月份剪取健壮的嫩枝，直接插入沙或园土中，保持好较适宜的温度与湿度，不久就能发根成苗。扦插新苗栽培 60 天左右可开花。

病虫害防治 高温及潮湿过度时，会有吹绵介壳虫的侵害，此种虫害蔓延迅速，会造成整盆植株枯萎。可用氧化乐果 800 ~ 1000 倍液喷雾防治，半月 1 次连喷 2 ~ 3 次。少量时可用洗衣粉稀释液喷洒，也有不错的防治效果。

应用 花期从初夏到晚秋持续开放，栽培方便，适合家庭南向阳台作悬垂花卉栽种观赏。绿化上多作花坛、花架上的色彩配植，若把不同花色混播在大片草坪上，开花时节、在阳光下五彩缤纷，极为瑰丽悦目。

近年来，有人把它作为悬垂花卉栽培，利用其茎枝柔软、半匍状蔓生的特点，制作成吊盆悬挂，丰富的花色与飘逸的花枝相得益彰，视觉效果十分悦目，如种植在立柱架上的花槽内，组成图腾式的图案装饰，是不少园艺公司采用应节时花布景的新时尚。

何氏凤仙 *Impatiens holstii*

图 3-19 何氏凤仙

凤仙花科，多年生草本花卉，原产非洲热带东部，现世界各地均有栽培，又名玻璃翠。株高 20～60cm，有高性与矮性种，茎条柔软多汁而稍有弹性，呈肉质透明状，光滑无毛；叶互生近卵形，叶片浅绿光亮如翡翠。边缘具锐齿；花型大，单朵或几朵簇生，有单瓣与重瓣品种（图 3-19）。

花色丰富，有朱红、紫红、粉红、白及复色等。其中以粉红色的单瓣品种最为常见，花朵扁平似小碟状，开花时节，尤如群蝶在叶丛中翩翩起舞，颇为妩媚动人。

土壤 种植土以疏松肥沃，排水性良好为宜，可用田园土，腐叶土和少量素沙配制，忌用粘性土；或用花市出售的营养土均能生长良好。

光照 具有一定的耐荫性，日照在 50～60% 为好，喜欢在明亮的漫射光下生长，对室内盆栽要定期移至户外养护，盛夏忌强烈的阳光曝晒。

温度 性喜温暖湿润、生育适温 20～28℃，忌炎热，不耐寒，冬季气温低于 12℃时，会导致叶片发黄脱落，要做好防寒工作，北方地区需把盆栽移入室内或温棚里。控制浇水量，待翌年春暖前，修剪一遍枝叶并添些新土，让其重新萌发出嫩枝。

浇水 在空气湿度大的环境生长才能茂盛，适量浇水很重要，盆土不干不浇，浇则浇透，忌积水或土质板结，若排水不畅，根茎较容易腐烂。

夏季炎热天时要注意遮阴避暑，多向花盆周围喷雾水以增加空气湿度。在高温的天气下，若护理不当，植株往往会得茎腐病而凋萎。冬季生长缓慢，有短暂的休眠期，此时就要控制好浇水量，保持盆土稍湿即可。

施肥 如基肥充足，生长期间每月施1~2次腐熟透的有机肥或复合肥即可，孕蕾时则多施以磷钾肥为主的肥水，少施氮肥。进入冬季则要暂停施肥。

繁殖 除高温天气外，其他季节均可扦插，剪取健壮的嫩枝，每段6~8cm，浸入水中约2~3cm深，略见散射光，每周换水1次，在20~25℃的环境下，20天左右即能生根。

也可把插穗直接插在湿沙盆中，保持阴凉湿润，不久也会萌生出根须来，待根须长至2~3cm时，便取出移栽花盆上，先在半阴背风处养护，每天喷雾水2~3次，待长出新叶时，即可按常规管理。以后视生长情况进行摘心1~2次，促使多发分枝，让株形日趋丰满美观。

病虫害防治 高温多湿季节易得茎腐病，危害茎与叶，使病株基部腐烂，叶片出现暗绿色水渍状圆斑，严重时整株倒伏枯萎，防治可用50%多菌灵可湿性粉剂600~800倍溶液进行喷雾或灌根。

应用 花期从早春到初夏持续开放，花期较长，能耐荫，是一种很好的室内盆栽花卉。加之清新的叶片也具观赏性；成年的植株茎叶蔓生飘逸，适合用吊盆培育成悬垂植物，观赏起来效果也不错。

长春花 *Catharanthus roseus*

夹竹桃科，多年生草本，原产热带非洲东部或杂交种，粗生易养且花期长，现各地均有栽培。别名有：日日春、日日草、四时春、日春花和山矾花等。

株高30~80cm，有蔓生种及中高性品系，蔓生种枝茎柔软，植株常成悬垂状从盆沿向四周披垂，柔美而飘逸。叶长椭圆形，对生有光泽。盛花期在5~10月，花色有桃红、深桃红、粉红、白花及白花

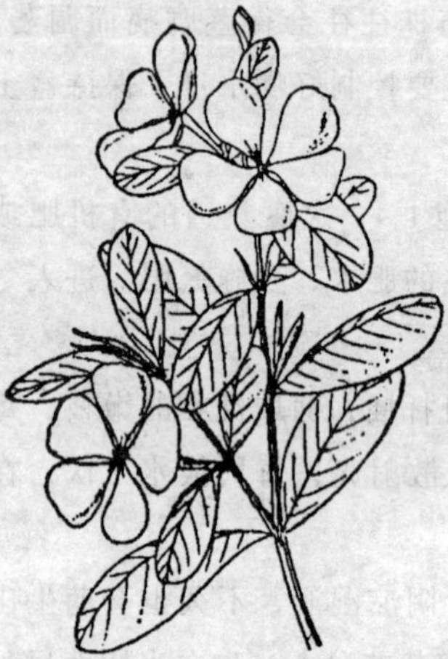
图 3-20　长春花

红心等。花顶生或腋生，每花枝有花3~4朵，花瓣5片平展呈风扇叶排列；花姿虽平凡，但其粗放的个性和蓬勃的生命力，透露出一种纯真的美（图3-20）。

花枝在“立秋”前后便有果荚，花、果同枝共赏，种子成熟时有自播行为，采收在其果穗尚末开裂前，就要剪下晾干贮藏。

土壤　喜温热，性强健、粗生，在贫瘠的土壤也能生长开花，但土质肥沃时开花更旺盛，因此，种植最好选用肥沃深厚、排水良好的土壤，或直接用花市出售的营养土进行栽培。

光照　长春花属阳性植物，阳光充足才利于花芽的分化，促使叶色鲜艳生长强健。过于荫蔽会导致枝条纤弱徒长，也影响开花。

温度　长春花的适宜生长温度在20~35℃之间，耐寒性弱，露地种植要注意做好防寒工作，冬季叶片受冻后较容易枯黄，故需把盆栽移入室内或温棚里。少浇水或只作1年生草花栽培。

浇水　较耐旱，忌湿怕涝。平时盆土浇水不宜过多，每周浇水4~5次即可。生长旺盛时期浇水可允足些，盛夏炎热天时要经常在叶面上喷洒雾水，增加叶面与周围环境的湿度。

施肥　由于花期长，平时要多注意肥水的供给，栽培时最好在土层下埋入腐熟透的有机厩肥作基肥。生长期间每月追施1次液肥，有机肥或复合花肥交替使用，盛花期可多施些磷钾肥，以促使多萌花芽，开花不断。

繁殖　除冬季外，其他季节均宜播种，播种后薄覆一层细土及枯草，保持好土壤湿润，种子7~10天便发芽，此时去掉覆盖物，略见阳光，待苗高有 5～8cm 时，可起苗上盆定植。其间要进行多次摘心，促使其多发分枝。

也可剪取当年生的新枝进行扦插，每段 8～10cm，去掉部分叶片，斜插入素沙中，保持阴凉湿润，1 个月左右便能发根，待根须生长成丛后即可上盆，盆栽每盆合植 3～5 枝扦插新苗为宜。

应用 长春花除冬季开花略少外，几乎全年可见开花，露地或花坛片植，盛花时的视觉效果极佳。选几种不同花色的品种，组合栽培在阳台或庭园，均可常年有花可赏。长春花的蔓生种，多用作悬垂盆栽花卉的培植。在南方，生长 1 年后的植株容易老化，开花渐少，需繁殖小苗重新栽培。

常春藤 *Hedera nepalensis*

五加科，多年生常绿草本，原产北非、欧洲及亚洲热带，现各地均见栽培的多为变种和园艺栽培种。常春藤属植物具有形态多变性，花叶品种及变种甚多，常见的有花边常春藤、绿波常春藤、金容常春藤、美斑常春藤和银叶常春藤等。

图 3-21 常春藤

藤茎柔软多具蔓性，茎节能生长出气根，盆栽植株常成悬垂状披挂，柔美而飘逸。叶掌状裂叶，和枫树叶片很像，有浅裂与深裂之分；一些品种的初生叶形为较明显的五掌叶，随着叶子的逐渐成熟，会慢慢变成三掌叶片，是室内装饰中较好的吊垂花卉（图 3-21）。

土壤 喜温热，粗生，对环境适应性强，栽培管理简易，对土壤要求不严，种植宜选用中性砂壤土或肥沃深厚、排水良好的土壤，或直接用花市出售的营养土来栽培。

光照 耐阴性好、在散射阳光下便能生长强健，叶色鲜艳。生长期必须光照良好，过于荫蔽，枝条会徒长纤弱，也影响叶片的色泽。

温度　喜凉爽的气候，适宜的生长温度在15～22℃之间。忌高温多湿，夏季炎热天时呈半休眠状态；较耐寒，在北方10℃以上即能生长；成株盆栽在室内过冬，植株叶色依然翠绿，少落叶。

浇水　较耐旱，忌湿怕涝。平时盆土浇水不宜过多，每周浇水4～5次即可。生长旺盛时浇水可充足些，盛夏炎热天时要经常在叶面上喷些雾水，增加叶面与周围环境的湿度。

施肥　平时要多注意肥水的供给，栽培时可埋入少量的有机厩肥作基肥。生长期间每月施1次液肥，有机肥或复合花肥交替使用。

繁殖　春、秋季均可进行扦插，剪取当年生的新枝，每段10～15cm，去掉部分叶片，斜插入素沙中，保持阴凉湿润，1个月左右便能发根，待根须生长成丛后即可上盆，每盆合植3～5枝扦插新苗为宜。如在水分充足的环境下，也可把蔓枝用培养土埋下进行压条，期间接受50～70%的日照，促使茎节萌生出匍匐根，然后将其剪下另外栽培，不久就能形成新株。

应用　常春藤是室内观叶植物的佳品，抗病虫害能力强，其优良的耐阴特性深受人们的喜爱。生长旺盛期间有较强的萌芽率与发枝力，生长很快，每枝一般能萌发出4～5个新枝。除适宜作室内悬垂盆栽外，成熟植株年生长高度可达2～3m左右，在半阴环境下生长良好，十分适合用于建筑物的背阴处，高架桥下或林地护坡等荫闭环境的绿化。

紫鹅绒 *Gynura aurantiaca*

菊科，多年生观叶草本植物，原产亚洲热带地区，现各地均见栽培，别名有：天鹅绒三七、土三七、橙黄土三七、红凤菊等。

多分枝、茎多汁，幼时直立，长大后下垂或匍匐蔓生。叶互生，卵形至广椭圆形；叶缘锯齿状明显，叶端急尖；叶脉掌状明显，幼时显紫色，长大后深绿色及紫色。整个植株密披紫红色的茸毛。花为头状花序，腋生，呈黄色或橙黄色，有时会散发出令人不悦的异味，所以常将花蕾摘掉，花期4～5月（图3-22）。

图3-22　紫鹅绒

土壤　种植用土要求不严，盆栽要求基质富含腐殖质、疏松透气，可用肥沃的沙质田园土或花市出售的营养土为宜。

光照　忌阳光直射，但也不能过于阴暗，否则枝条生长变纤细，叶色也会从紫色褪成绿色。生长期间要求有明亮的漫射光，适当明亮的光照对保持叶色和茸毛的光泽有好处。

温度　性喜温暖、半阴湿及通风环境。盆栽切忌在室内长久放置，应定时移至室外多见散射阳光。生长适温为18～25℃，冬季温度在10℃以下时要移入温室内养护。

浇水　平时保持盆土经常湿润，才能满足枝叶的快速生长。夏季高温天时每天浇水1次；春与冬天2～3天浇水1次即可。浇水时要注意不要向叶片直接喷水，否则茸毛会滞留下水滴，容易引起叶片腐烂而影响观赏。

施肥　生长期间每月施肥1次，氮肥不宜过多，以免引起植株徒长。若生长过快时，叶的紫色会淡化且不鲜艳。施肥前勒水2～3天，施肥后即回清水1遍，让肥料下渗吸收良好。

繁殖　在春夏季结合修剪或换盆时进行扦插，摘取8～12cm的枝梢作插穗，插入通气透水的砂质壤土或沙床上，亦可数枝直接插于盆中，置于较明亮的地方，每天喷洒雾水使土质有80%的潮湿度，约1～2周即可发根成苗。

紫鹅绒再生能力强，在适宜的环境条件下生长速度较快，一般2～3个月便可长满盆，所以每年要淘汰不雅的旧株，结合换盆工作进行重新繁殖，以保证株形良好。

应用 紫鹅绒以其如天鹅绒状茸毛的叶片而著称，是美丽的观叶植物。它给人以轻松柔和之美感，人们通常喜欢把它用于盆栽或逸化为悬垂花卉栽培，利用其茎枝柔软，半匍匐状蔓生的特点，制作成吊盆悬挂在明亮的书房、客厅、窗台等场所，绿化装饰的视觉效果十分清丽。

球　兰 *Hoya carnosa*

萝摩科，为多年生常绿草本植物。产于东南亚、澳大利亚，我国南部也有野生分布，现各地均见有栽培，又称腊兰、腊花、腊泉花等。在原产地都附生于树干或石壁上，植株多具蔓性藤本状，肉质茎，茎节易生气根，可附着它物生长。叶厚多肉，卵形或卵状长圆形，侧脉不明显，全缘；叶面浓绿色，叶背浅绿带白色。伞形花序腋生或顶生，具有细长柄，常12～15朵聚集成球形，故名球兰。盛夏至入秋开花，花白色，心部淡红色，副花冠放射呈星状，有清雅的香气（图3-23）。

图3-23　球　兰

目前栽培较多的除球兰外，常见的栽培品种还有：叶片扭卷绕于茎蔓上的皱叶球兰；叶有乳白色斑块的镶边球兰；以及锦红球兰、游龙球兰、串钱球兰、线叶球兰、尖叶球兰等，花色也与品种的不同而有变化。

土壤 盆栽多用疏松且排水良好的腐叶土、泥炭土与粗砂或珍珠岩等混合而成的土壤，也可用水苔或用花市出售的营养土种植，均能生长良好。栽培时最好在土层下埋入腐熟透的有机厩肥作基肥。

光照 对光线适应力较强，耐荫性能好，但在温和、明亮的漫射光下生长最佳，叶色也鲜艳强健。过于阴暗对花芽分化有影响，春秋两季的日照在50～70%为好，相宜的光照可改善叶片色泽。夏季必须遮阴，忌盛夏强烈的阳光曝晒。

温度 性喜温暖多湿，生长适温20～28℃，冬天温度在6℃以下时，叶片容易受寒而枯黄，此时应把盆栽移入室内或温棚里养护。高温及通风不良的天气也极易引起茎叶泛黄，日常管理中需加以注意。

浇水 喜湿润及空气湿度较高的生长环境，生长旺盛时期水分要充足，盛夏炎热时要经常在叶面上喷洒雾水，增加叶面与周围环境的湿度。冬季生长缓慢，有短暂的休眠期，此时就要控制好浇水量，保持盆土稍有湿气即可。

施肥 生长期间每月施1次复合肥或腐熟的有机肥水，冬季则要停止施肥；斑叶品种施肥时氮肥不宜过多，以免叶斑变绿而失去应有的观赏价值。

繁殖 5～9月用扦插来繁殖。剪取茎枝先端2～3节作插穗，保留节上的叶片，也可将下节部位的叶片剪去1/2，然后将插穗直接插入疏松的园土或素沙中，或在切口包以湿润水苔，再扦插于苗床中。保持基质湿润并接受间接的光照，在20～25℃的温度下，约3～4周便可生根萌芽，盆栽合植3～5枝扦插新苗为宜。斑叶品种要尽可能选叶斑较大且多节位的茎枝作插穗，这样的扦插苗园艺性状较好，不足之处是插穗生根后生长较缓慢。

应用 球兰是一种栽培广泛的室内观叶植物，适于攀附或栽培成悬挂植物使用。它枝蔓柔韧，可塑性强，可把其气生根引附上各种支持物、树干和绿篱等。可栽于桫椤板上，让其缠绕攀援其上生长，组成多姿多彩的各种花叶兼美的形象。盆栽适合居室和阳台作悬垂植物栽培，在有明亮散射光的室内可长期吊挂欣赏。球兰偶有介壳虫为害，应注意防治。

垂椒草 *Peperomia scandens*

图 3-24　垂椒草

胡椒科，多年生常绿草本，原产于秘鲁或栽培种，叶色四季常绿，具柔软的匍匐茎，呈悬垂状簇生，叶近卵形或心形。叶色翠绿或两色相嵌，茎叶肥厚多肉，生性强健，十分耐荫，极适合作为室内吊盆植物栽培（图 3-24）。

土壤　盆土要求疏松、排水良好。可用腐殖土或泥炭土与沙土掺和起来使用，或用花市出售的营养土种植。每年春季最好要进行倒盆换土，栽培时在土层下埋入腐熟透的有机厩肥作基肥。

光照　喜半荫的生长环境，忌在强烈的阳光下直晒。夏季过于干燥的天气会引起叶片焦边。平时只需接受 50～70% 的柔和阳光就可使叶色翠绿油亮。

温度　喜欢比较阴凉的环境，生长最适宜的温度为 20～28℃，高于 33℃或低于 10℃时往往生长不良，会出现黄叶现象。严冬时最好是移入室内养护，以免受到寒害。

浇水　生长期间要浇水充足，性喜较高的空气湿度，但盆土不能渍水。冬天要逐渐减少浇水量。只维持盆土稍有湿润即可，如果室温在 25℃以上时，最好让植株处于较高的空气湿度下。

施肥　在生长活跃期间，每月施 1 次稀薄的有机液肥或花卉复合肥，就能满足其生长需要，适当增施氮肥能促进叶色更美观，冬季则要少施肥或停止施肥。

繁殖　生长了 2 年以上的植株会伸长老化，所以盆栽的植株就要经常注意修剪工作；繁殖只需把修剪下来的健壮茎枝扦插在疏松的腐殖土或素沙里，保持好适宜的湿度，就很容易生根成活，待扦插苗发出新叶时，便可移入花盆中栽培。同时，用剪下的茎进行水栽也能发根成活，生长良好。

应用　垂椒草植株茂盛，优雅趣致，叶色常绿且耐荫性好，是近年来较受人们欢迎的一种吊盆植物，尤其他形态飘逸的蔓生枝叶甚为清幽可爱，悬挂在窗台上或摆设于室内高桌上均适宜。其喜阴湿的特性，也可作为点缀近水阴湿处的栽植材料。

网纹草 *Fittonia verschaffeltii*

爵床科，多年生草本观叶植物，原产中美洲秘鲁和南美的热带雨林地区；现各地均见栽培，又称网格草（图 3-25）。目前常见栽培的园艺品种有：白网纹草，叶片具精致的银白色叶脉，有较长的蔓生茎；深红网纹草，具有美丽红色网状脉；小叶白网纹草，为白网纹草的矮性栽培品种，又名小白菜。

图 3-25　网纹草

网纹草植株小巧玲珑，具有较好的耐阴性，枝叶呈匍匐状蔓生，茎呈四棱形，外被白色粗短毛。叶对生，呈卵圆形至椭圆形，先端略尖；叶片翠绿色，叶面上具有白色或红色的网纹状叶脉，纹路清晰，十分精致的叶脉是网纹草的主要观赏部位。

土壤　种植土条件要求不严，盆栽基质可用泥炭土、腐叶土和河沙等量混合配制。或以花市商店出售的营养土。习性粗放，种植的盆具宜用小盆或浅盆为好，且盆底要垫好排水层以防滞水。

光照　对光线适应力较强，耐荫性能好，室内摆设在温和、明亮的漫射光下生长最佳，叶片也鲜艳强健。网纹草叶片薄而娇嫩，不能直接接受强烈的阳光。强光照会导致植株生长缓慢，枝叶矮小卷缩并会失去原有色彩，降低观赏价值。

温度　性喜高温湿热和半阴的环境，畏冷，怕旱、忌干燥，也怕积水。对温度非常敏感，生长适温为 18 ~ 28℃，最佳生长温度为 20℃。冬季要做好保温工作，越冬温度不能低于 13℃，否则较易受冻而死亡。在这期间要特别注意水温，浇水不能用温度太低的水，只需保持盆土稍有湿润便可。最好用大塑料袋罩上花盆防风保温，以利植株安全越冬。

浇水　春至秋季其生长旺盛，应保持盆土湿润，并且经常向叶面喷水，做到宁湿勿干，不要待盆土干透才浇，但也要忌盆土长久积水；冬季要避免向叶面喷水，减少浇水量，土质见干见湿，维持在半干燥的状态下便好，过分的湿润会产生叶片腐烂和脱落，并偶有根腐病发生，发病时应及时用 1000 倍托布津或多菌灵液喷雾防治。

施肥　生长期间每月施稀薄液肥 1 次，用氮肥稀释液或腐熟透的有机肥水均可，薄肥勤施，施肥前勒水 1 ~ 2 天，施肥后即回清水 1 遍，好让肥料下渗吸收良好，同时也可清洗一下叶片，避免肥水滞留或接触叶片后而引起腐萎。

繁殖　网纹草再生能力强，可用扦插、压条和分株方法繁殖，在春天和秋季进行均适宜。剪取健壮的嫩枝 5 ~ 8cm，去除下部叶片，直接扦插于干净的河沙或腐叶土和粗沙混合成的疏松插床上，每天喷洒雾水保持较好的湿度，不久就能发根成苗。

压条是将母株枝条埋入土里，1 个月左右在茎节处即可生根，待根系生长成丛后，再剪离母株另盆栽植。也可在结合换盆时进行分株，分切出部分带有根须的植株个体，另行上盆栽培成新的盆栽。

应用 网纹草植株玲珑，叶片网脉雅致，是装饰茶几、布置窗台的上等材料。近年来，有人把它逸化为悬垂花卉栽培。利用其茎枝柔软、半匍匐状蔓生的特点，栽培成吊盆悬挂，丰富而细致的网纹叶色十分悦目，是不少家居绿化的时尚盆栽。

吊金钱 ***Ceropegia woodii***

萝摩科，多年生肉质蔓性草本，原产于南非，我国各地多见有引种。别名有：心心相印、可爱藤、鸽蔓花、爱之蔓、吊灯花。叶腋常生有块状肉质珠芽；叶面暗绿，叶背淡绿，叶面上具有白色条纹，其纹理尤似大理石。花期夏秋，花色粉红或浅紫色，通常 2 朵连生于同一花柄（图 3-26）。

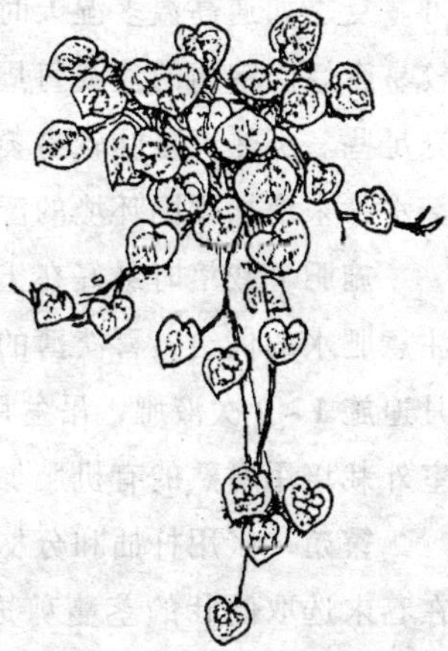

图 3-26 吊金钱

吊金钱的茎蔓细软呈自然垂吊，叶子两两相对，圆近似心形，从茎蔓看形似一串串金钱，故名吊金钱。有人视其对生的心形叶片形象趣致，尤如相恋中的情侣们互赠爱心的同心结，故又有“心心相印”“爱之蔓”“同心草”的美称。

土壤 喜温热，粗生，对环境适应性强，对土壤要求不严，培养土宜选用含腐殖质较多、排水良好、疏松肥沃的微酸性沙质壤土，或直接用花市出售的营养土也可。

光照 夏季忌强烈的阳光曝晒，否则叶片变黄而影响观赏价值。较耐阴，但过于遮阴对生长也不好，从晚秋到翌年春季可多见阳光，在散射阳光下才能生长强健，叶色鲜艳。

温度 喜暖凉气候，忌高温多湿，最适宜的生长温度为 15 ~ 28℃。春秋季是其旺盛生长期，夏季如超过 32℃时生长不好，需注意通风与遮阴。冬季 8℃以下会出现落叶的现象，要移入室内养护，室温在 10℃以上时才能保证叶色依然翠绿，少落叶。北方多以贮存地下的块根在土里越冬，翌春再从块根上萌长出新蔓来。

浇水 较耐旱，忌湿怕涝，平时浇水不宜过多，盆土见干见湿便可。夏季如遇高温多湿天时要适当勒水，否则在渍水状态下的肉质茎较易腐烂。室内的盆栽每周浇水 4～5 次即可，生长旺盛时期浇水可充足些。炎热天蔓叶较易萎蔫，就要及时浇水，并经常在叶面上喷些雾水，来增加周围环境的湿度。

施肥 栽培时最好在土层下埋入少量的有机厩肥作基肥。平时多注意肥水的供给，喜淡薄的液肥，忌施浓肥和单用氮肥。生长期间每月追施 1～2 次液肥，吊盆用花卉复合肥数粒压成粉兑水 1 大杯浇施，室外栽培用腐熟的有机肥加水 15～20 倍浇施即可。

繁殖 多用扦插和分株法繁殖。分株可结合早春换盆进行，也可在春末选取健壮的茎蔓剪成 10～15cm 长的插穗，斜插入培养土中，保持阴凉湿润，15～20 天即可生根成苗，待根须生长成丛后即可上盆。每盆栽 4～6 枝扦插新苗为宜，小苗期间摘心 1 次，促使从叶腋处萌出分枝，达到株形丰满美观。亦可于夏、秋两季剪取叶腋珠芽直接栽入土中，促使珠芽萌生出匍匐根，然后将其剪下上盆栽培，不久就能形成新株。

应用 吊金钱是室内观叶植物的佳品，抗病虫害能力强，其优良的观叶、观花、观姿俱佳的特性深受人们的喜爱，在国外是青年男女表达爱意的信物。常用塑料吊盆种植，悬挂于窗前，茎蔓随风摇曳，风姿轻盈，十分有趣；也可用盆栽置于几架上，使茎蔓绕盆飘然下垂，成为一盆风姿轻盈而有生命力的“爱之蔓”。

虾蟆草 *Pilea cadierei*

荨麻科，为多年生常绿草本植物，原产哥斯达黎加、哥伦比亚，现各地均见有栽培，又称皱叶冷水花、白雪草、铝叶草。株高约30cm，植株具蔓性匍匐状，植株平滑或有毛。叶片黄绿色，对生，叶面有几条明显的凹陷叶脉皱纹，带有红褐色彩，较为别致美观，是冷水花属中的精品（图3-27）。

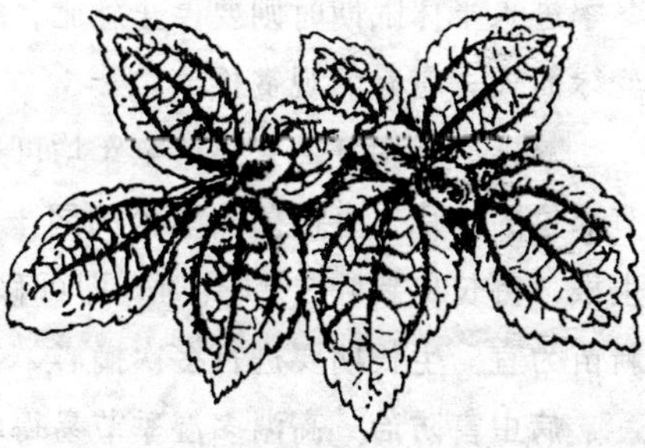

图3-27 虾蟆草

初夏开花，雌雄同株或异株，总花梗自叶腋间抽出，淡粉红色花，偶有花粉从花苞内喷出，尤如吞烟吐雾，别有情趣。

土壤 以富含腐殖质的壤土最好，盆栽用土以疏松且排水良好为好，可用腐叶土、泥炭土与粗砂混合而成，或用花市出售的营养土种植，均能生长良好。

光照 性喜半阴多湿环境，在温和、明亮的漫射光下生长最佳，叶片也鲜艳强健。室内摆设一段时间后，要定期移至户外养护。耐荫性能好，过于阴暗会影响花芽分化。春秋两季的日照在50～70%为好，冬季可多见阳光，相宜的光照可改善叶片色泽。夏季必须遮阴，忌盛夏强烈的阳光曝晒。

温度 性喜温暖多湿，生长适温20～28℃，越冬温度为5℃左右。冬季低温下的叶片容易受寒而枯黄，严寒天时要把盆栽移至入室内或温棚里养护。

浇水 喜湿润及空气湿度较高的生长环境，生长旺盛时期水分要充足，盛夏炎热天时要经常在叶面上喷洒雾水，增加叶面与周围环境的湿度。冬季生长缓慢，此时就要控制好浇水量，保持盆土稍有湿气即可。

施肥 在生长期间，每月施1～2次复合肥或腐熟的有机肥水，冬季进入半休眠期时则要停止施肥，施肥时氮肥不宜过多，以免色斑变绿而失去应有的观赏价值。

繁殖　常用扦插繁殖，全年均可进行。剪取半成熟插条，去掉下节部位的叶片，直接插入疏松的园土或素沙中，插后约1~2周便可生根，待长出新叶3~4片时，即可移栽上盆，每盆合植3~5枝扦插新苗为宜。生长期要进行多次摘心，促发侧枝，使株形紧凑优美。

病虫害防治　高温多湿季节易得叶斑病，危害茎与叶，使病株基部腐烂，叶片出现暗绿色水渍状圆斑，防治可用200倍波尔多液进行喷雾。盆土太湿，也会产生根腐病，严重时整株倒伏枯萎，可用托布津1000倍液喷雾或灌根。

应用　虾蟆草以其特别的叶色和管理粗放的个性，可盆栽成各式悬垂植物，吊挂在有明亮散射光的室内能长期欣赏。如成片栽培于庭园的阴凉处，可遏制杂草的漫生，整体的景观效果也不错。

猪笼草 *Nepenthes hybrida*

猪笼草科，猪笼草属，多年生常绿草本，为热带食虫植物的代表品种，又称猪仔笼。原产东南亚和澳大利亚的热带地区，在我国的广东等地有野生分布，但很少应用，直到20世纪80年代以后，有关部门才从国外引进猪笼草优良栽培品种，主要用于花卉展览。近年来作为奇趣的悬挂植物大力发展，开始育种、繁殖和生产形成产业化。现各地均见有栽培，成为室内高档的盆栽花卉进入了家庭观赏。其美丽的叶笼特别诱人，是目前食虫植物中最受人青睐的种类。

叶互生，长椭圆形，全缘。中脉延长为卷须，末端有一小叶笼，叶笼小瓶状，瓶口边缘厚，上有上盖，成长时盖张开，不能再闭合，叶子周围散发出一种甜甜的气味吸引昆虫，昆虫爬进猪笼状的叶子后就被粘液困住，很难再退出去了，它就是依靠捕捉、溶化小昆虫的残体来获取其生长所需的营养物质。笼色以绿色为主，有褐色或红色的斑点和条纹。总状花序，花呈红色球形（图 3-28）。

常见同属种类有：瓶状猪笼草（*N. ampullaria*），叶笼短，黄绿色；二距猪笼草（*N. bicalcarata*），叶披针形，笼面深绿色；绯红猪笼草（*N. coccinea*），笼面黄绿色，具褐红色条斑条；库氏猪笼草（*N. courtii*），叶笼短，黄绿色，具红褐色斑条；中间猪笼草（*N. intermedia*），笼面绿色，具淡紫红斑点；劳氏猪笼草（*N. lowii*），笼面黄绿色，具褐色斑点；奇异猪笼草（*N. mirabilis*），笼面黄绿色，叶笼上口具红晕；拉弗尔斯（*N. rafflesiana*），笼面黄绿色，具淡紫褐色斑点；大猪笼草（*N. rarjah*），叶笼大，长 30cm，笼面红褐色，具绿色条纹；血红猪笼草（*N. sanguinea*），笼面淡红色；狭叶猪笼草（*N. stenopHylla*），笼面褐色绿，具红色斑点，叶笼长 15～18cm，宽 3～4cm，华丽猪笼草（*N. superba*），笼面黄绿色，具深红色条纹斑；长柔猪笼草（*N. villosa*），笼面红褐色。

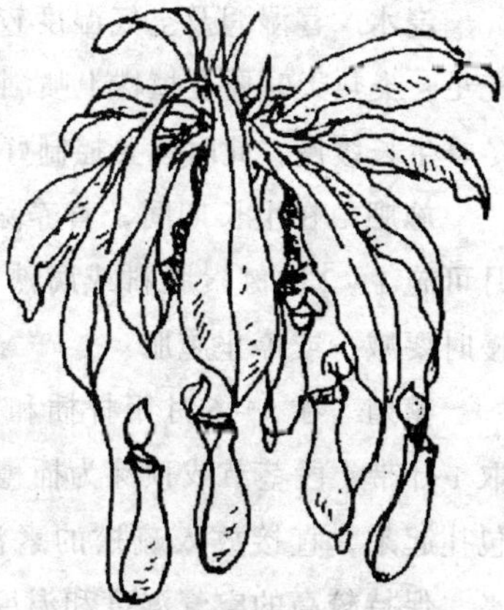

图 3-28　猪笼草

土壤　以富含腐殖质的壤土为佳。盆栽用土要求疏松且排水良好，可用腐叶土、泥炭土与水苔混合而成，或用花店出售的营养土种植，均能生长良好。

光照　性喜半阴湿润的环境，耐阴性好，但过于阴暗也会影响笼面的色泽。怕干燥和强光，在温和、明亮的漫射光下生长较鲜艳强健。室内摆设一段时间后，要定期移至户外养护。夏季必须做好遮阴，忌盛夏强烈的阳光曝晒。

温度　生长适温 22～28℃，不耐寒，越冬温度为 15℃以上。冬季低温下的叶片容易受寒而枯黄，需要把盆栽移入室内或温棚里养护。

浇水　喜湿润及空气湿度较高的生长环境，生长旺盛时期水分要充足，炎热天时要在植株上喷洒些雾水，增加叶面与周围环境的湿度。冬季生长缓慢，此时就要控制好浇水量，保持盆土稍有湿气即可。

施肥　在生长期间，营养除通过叶笼内的小昆虫残体吸取外，每月可施1~2次氮素肥料或腐熟的有机肥水。冬季气温下降，生长缓慢时要减少或停止施肥。

繁殖　在5~6月用扦插和压条进行繁殖，选取健壮的枝条，剪取1叶带1段茎节或顶芽为插穗，剪去1/2的叶片，插穗基部用水苔包扎起来，直接放入疏松的素沙中，用塑料大口袋连盆和插穗包起来，保持较高的空气湿度和温度，约3~4周便可生根。

压条繁殖是在生长期将健壮茎叶的腋下部割伤，包上苔藓或用砂质土浅埋上，再用枯草盖住并保持湿润，待茎枝生出新根后，用枝剪分段切割另栽，幼苗一般需栽培2~3年后才能产生出有观赏价值的叶笼来。

病虫害防治　高温多湿季节常有叶斑病和介壳虫危害。叶斑病危害茎与叶，使病株叶片出现暗绿色水渍状圆斑，防治用50%代森锌可湿性粉剂1000倍液喷洒。介壳虫用40%氧化乐果乳油1500倍液喷杀。

应用　猪笼草以其特别的叶形和能捕食昆虫的个性而深受人们的喜欢，家庭栽培的植株多会失去其捕虫功能，但可盆栽成奇趣诱人的悬垂植物，吊挂在有明亮散射光的室内供欣赏。如用高盆栽植成型后点缀在花架、阳台和室内的案台上，则十分优雅别致。

蟹爪兰 *Zygocactus truncates*

仙人掌科，多年生常绿植物，原产南美巴西，现各地均见栽培，别名有：蟹爪、锦上添花、蟹足霸王树等。

节状茎扁平，先端截形，两端各具尖齿，茎节相连尤如螃蟹的足，故得名蟹爪兰。茎幼时直立，长大后下垂，花期 2 ~ 4 月，花冠漏斗形，花被 3 ~ 4 轮呈塔形叠生于茎节的顶端；基部苞片成花瓣状，稍反卷，花色多为玫瑰红，另有深红、粉红、白、橙色等园艺品种（图 3-29）。

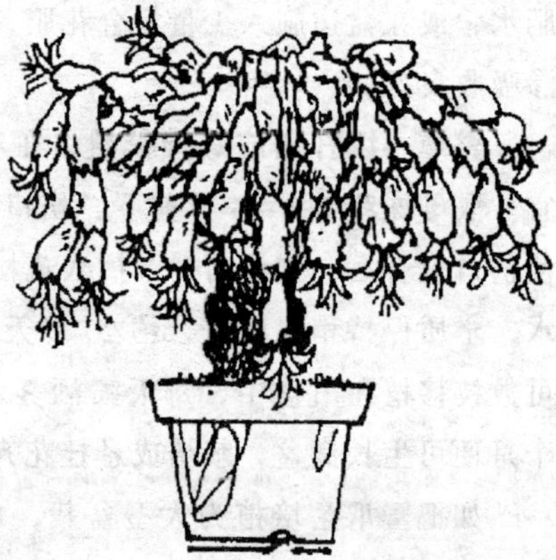

图 3-29　蟹爪兰

土壤　种植土条件要求不严，习性粗放。盆栽要求基质富含腐殖质、疏松透气，肥沃的沙质田园土或花市出售的营养土为宜，种植时可加入少量腐熟透的肥料作基肥。

光照　为短日照花卉，立秋后的日照逐短便孕蕾。平时可放在通风及光照良好的阳台或窗口边，忌阳光直射，但也不能过于阴暗，生长期间要求有明亮的漫射光。冬季气温降低，应将盆栽移至阳光充足处，明亮的光照下对茎枝健康生长最有好处。

温度　性喜温暖、半阴湿及通风环境。盆栽切忌在室内长久放置，应定时移至室外多见散射阳光。生长适温为 18 ~ 25℃，越冬温度为最好维持在 12 ~ 15℃左右，温度低于 6℃时会影响植株的生长和开花。

浇水　生长旺盛季节要给予较充足的水分，平时保持盆土见干见湿。夏季高温天要每天浇水 1 次；平时可直接喷些雾水在叶片上以增加空气湿度；春与冬天 2 ~ 4 天浇水 1 次即可；当茎叶出现花苞后，注意切忌盆土忽干忽湿，以免造成花蕾脱落。

施肥　生长期间每月施肥 1 次。9 ~ 10 月是花芽分化时期，施肥时注意多施磷肥，控制氮肥用量，以促使花蕾的形成。当蟹爪兰出现较大花蕾后，为保证持续开花不断，可每 15 天左右施 1 次稀薄的饼肥水，或在盆边施入少量复合花肥，施肥后即回清水1遍，让肥料下渗吸收良好。

繁殖 以扦插或嫁接繁殖，在春夏季结合修剪或换盆时进行为宜。取母株茎节3~4节剪下，伤口不沾水，先在半阴处晾1~2天，使伤口愈合后，把最后一节插入疏松的沙土中，先置于阴凉处，少浇水，土质保持稍湿即可，约20多天即生根。当根系生长成丛后，便可数枝移植在吊盆中，每天喷洒雾水使土质有80%的潮湿度，2~3个月便可生长满盆，栽培成悬挂花卉使用。

如把蟹爪兰培植为大型盆栽，也可在较干燥的天时用嫁接法繁殖。将剪下的茎节嫁接到生命力和根系均强壮的仙人掌类植物上，常用砧木有仙人掌，叶仙人掌、仙人球、量天尺等。若管理得好，嫁接成活后的植株生长很快，一般1~2年即可开花。

管理 若蟹爪兰的株形较大，花蕾形成后要修剪一次，对参差不齐的茎节和过弱的花蕾适当疏除，可用细竹片或铅丝做成圆形支架，撑起下垂的茎节，使株形匀称向四周扩散成伞状，形成植株的层次高低错落，开花时观赏起来美观大方。

病虫害防治 空气干燥或通风不良时，蟹爪兰较易遭受红蜘蛛和介壳虫的危害，造成枝茎枯黄，降低观赏价值。因此应注意通风并多喷水，在发现虫害后应及时进行人工捕杀，严重时可喷洒氧化乐果1000倍~1200倍液，每7~10天1次，连续3次。

应用 蟹爪兰以艳美别致的花姿著称，它株形丰满，开花众多，花期正值春节前后，不论是制作成吊盆悬挂，或盆栽摆设在明亮的书房、客厅、窗台等场所，其绿化装饰的视觉效果均十分鲜丽悦目。

三色堇 *Viola tricolor*

堇菜科，多年生草本花卉，常作1至2年生栽培，原产西欧，是波兰的国花。现各地均见栽培，品系繁多，又称蝴蝶花，人面花，猫脸花，阳蝶花，游蝶花等。近年已有种子公司推出大花型、多花型与蔓生悬挂型等系列园艺品种，成为时花市场上亮丽的一族。

株高20~30cm，叶基生呈倒卵形，边缘具圆钝锯齿。枝从根际生出，常蔓生状匍匐地面，构成紧密低矮的株丛。三色堇因其花具有3种色泽而得名，花顶生或腋生，2~6月开花，花冠蝶形，花色繁多且鲜艳，有红、玫红、黄、蓝、白等各个色系和混色，共同点是有小块紫黑色嵌印其上，醒目却不耀眼。有种金丝绒般的纯毛质感（图3-30）。

图3-30　三色堇

土壤　种植土以疏松、肥沃的砂质土与腐叶土混合为宜，或直接用花市出售的营养土，栽培时最好埋入腐熟透的有机厩肥作基肥。

光照　生长期间阳光要充足，但在半阴的环境下也能生长良好。冬季气温降低，应让盆栽多见阳光，明亮的光照下对促进茎枝生长最有好处。

温度　性喜温暖，凉爽的气候。生长适温为15~23℃，耐热性能较差。若遇高温或乍热的天气，要注意适当遮阴，或移至通风且阴凉之处，植株在炎热高温下多生长不振甚至凋萎。

浇水　幼苗期与生长期间浇水不宜过多，保持盆土稍湿即可。雨天应防积水，潮湿过度会烂根，但开花季节应保证充足水分。炎热天时多在叶面上喷洒雾水，提高植株及周围环境的空气湿度。

施肥　平时每半月施1次有机肥水或复合肥，现蕾时增施1~2次速效性磷钾复合肥。薄肥勤施，施肥后即回清水1遍，好让肥料下渗吸收良好，同时也可清洗一下叶片，避免肥水滞留在叶片上而引起腐萎。

繁殖 南方多在10～11月间播种，苗土以疏松的泥炭土与沙土混配。撒种后轻覆层薄土，喷水湿润并需遮阴，在15～20℃的适温下，种子播后7～10天便出苗。籽苗期间生长较快，当幼苗生出2～3片真叶时，可移至花秧盆上，移植时带好根土，多见阳光，适当控水，促使小苗在寒冬来临前长好丛株。

在凉爽天时，也可用植株中心根茎处萌生的嫩枝作为插条（花后枝条或过于粗壮的枝条不宜），斜插在湿润的沙质土或素沙中，注意遮阴和防雨，1个月左右在茎节处即可生根。

病虫害防治 雨天或潮湿天时，易得灰霉病感染植株，应及时清理得病枝叶，用百菌清800～1000倍液喷施1～2次。通风不畅或高温下也有红蜘蛛、蚜虫侵害，此时除改善环境外，用氧化乐果1200倍液喷洒能有效防治。

应用 三色堇的花期较长，花色与叶姿均丰富多彩，是优良的花坛及室内盆栽花卉。近年来，有人利用其茎枝柔软、半匍匐状蔓生的特点，把它逸化为悬垂花卉栽培，制作成吊盆悬挂于窗架、立柱等处，装饰效果十分悦目，是不少家居布景时的盆栽首选。

肾　蕨 *Nephrolepis auriculata*

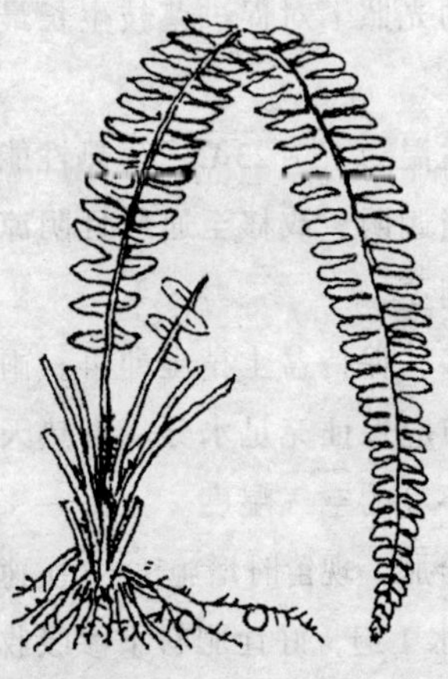

图3-31　肾　蕨

肾蕨科，多年生草本植物，陆生或附生，生长力较强。原产热带和亚热带地区，我国南部诸省都有野生，现各地均见栽培，又名蜈蚣草、螟蛉草、圆羊齿等。

株高约30～50cm，根茎有直立的主轴，轴上长出匍匐茎，茎的短枝上生有块茎，并生有许多须状小根和侧枝。叶浓绿直立丛生，叶片深裂，披针形，小叶无柄，草质，披针形，孢子囊群背生于侧小脉顶端，其形态自然潇洒，叶形秀丽挺拔，四季常青，很受养花者喜爱，故在国内外栽培者甚多。常见的同属观赏种有碎叶肾蕨、尖叶肾蕨、迷你肾蕨和长叶肾蕨等（图3-31）。

土壤 栽培土质以疏松、肥沃的腐殖土壤为佳，排水需良好；种植土条件要求不严，盆栽可用疏松的腐叶土或泥炭土与少量河沙（3∶1）配制，栽培时最好在土层下埋入腐熟透的有机厩肥作基肥；或以花市商店出售的营养土为宜。

光照 对光线的适应力较好，在温和的漫射光下生长最佳，叶色也鲜艳强健。室内摆设一段时间后，要定期移至户外养护；不能接受强烈的阳光直射；光线太强，植株生长缓慢，叶色偏黄而影响到观赏价值；但过阴也会导致植株徒长。

温度 性喜阴凉至温暖的气候，忌干燥，也怕长时间的积水。生长适温为18～28℃，最佳生长温度为22℃，不耐寒，冬季要做好保温工作。越冬温度不能低于8℃，否则较易受冻而产生枝叶枯黄等现象。冬天低温时需将盆栽移至温暖的角落或室内，也可用大塑料袋罩上花盆防风保温，减少浇水，停止施肥，让盆栽呈半休眠的状态下越冬。

浇水 春至秋季植株生长旺盛，应保持好盆土湿润。盛夏炎热天时要保持较高的空气湿度，需经常向叶面及周边喷水增湿，做到宁湿勿干，不要待盆土干透才浇，但也要忌盆土长久积水，否则会因缺少空气流通而引起根茎腐烂。冬季要减少浇水量，盆土只需稍有湿润便可。

施肥 需肥不多，生长期间每半月施稀薄液肥1次。施肥以氮肥为主，薄肥勤施，施肥后即回清水1遍，好让肥料下渗吸收良好，同时也可清洗一下叶片，避免肥水滞留或接触叶片后而引起黄叶。如有条件，每30天左右向叶面喷施1次硫酸亚铁，可使植株叶色更加翠绿，旺盛生长。

繁殖 肾蕨具有发达的根系，管理十分粗放，可利用春季翻盆工作时进行分株。将母株脱盆后，剪掉部分老叶，分开匍匐枝，可直接地栽或盆栽，先放在阴湿处假植，保持一定的温度和湿度，待萌出新根后再按常规管理。也可利用肾蕨横生的铁线状匍匐枝埋入土中，亦能长出小植株来，待长到一定大小时就可以从母株分离栽植。

此外，也可用孢子繁殖，将成熟的肾蕨孢子均匀地撒在消过毒的泥炭土或腐叶土表面，不用覆土，经常喷雾水保持土面湿润，60 天左右即可长出新的植株。

病虫害防治　病害不多，但长期偏湿且遇通风不畅时，偶有生理性叶枯病出现。发病初期要及时处理，用 50% 的代森铵水溶液 300 ~ 400 倍液喷洒防治。虫害有蚜虫和红蜘蛛，可用肥皂水清洗或 40% 氧化乐果乳油 1000 倍液喷杀。

应用　肾蕨生活力强，容易栽培，株形潇洒，叶片翠绿光润且四季常青。盆栽是室内绿化的优良观赏材料，栽培成吊盆观赏，甚为秀丽多姿，富有自然式的野趣。也可放在有间接光照的茶几上、窗台等处作装饰布置，均有不俗的视觉效果。同时，其叶片可作切花和插瓶的陪衬材料，是目前国内外花卉市场的主要切叶品种。

波士顿蕨 *N. exaltata* cv. Bostoniensis

肾蕨科，多年生草本植物，因 1894 年在美国波士顿被发现而命名，成熟的叶片向四周下垂，株形相当飘逸潇洒，叶色翠绿耐荫，是目前国内外栽培最广泛的室内观赏蕨类。

株高约 25 ~ 40cm，枝茎较柔软，羽状复叶，其羽叶片比原种幼细弯曲，叶片披针形而下垂，叶缘有明显的波纹状，只有营养叶，没有孢子叶，不能进行孢子繁殖，只能用分株法或利用走茎来育苗。常见的栽培种有：

① 皱叶波士顿蕨，（*N.* cv. Teddy Junior）植株矮小，羽叶密簇而生，小叶宽线形，波形扭曲；幼叶时嫩黄色，成年的叶片为翠绿色，观赏价值较高。

② 细叶波士顿蕨（*N*.cv.Crispa）植株高30～50cm，叶片为二回羽状复叶，小羽片多对，长5～6cm，叶的尾端渐尖，叶呈纸质，初时为黄绿色，后为翠绿色，茎叶蔓生飘逸，适合用吊盆培育成悬垂植物，观赏起来十分优雅。很受时尚人士的喜爱，故栽培者甚多（图3-32）。

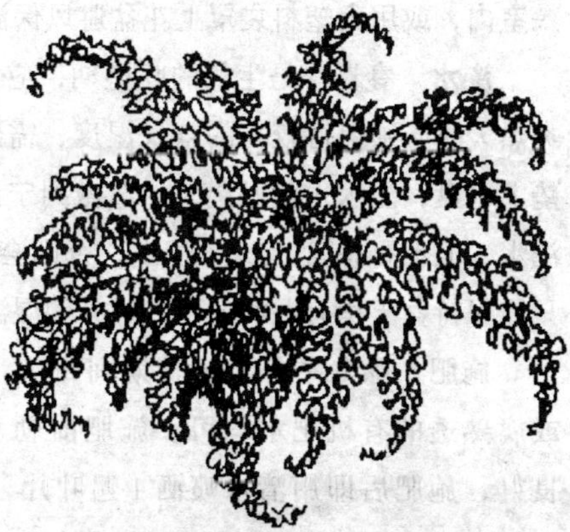

图3-32　波士顿蕨

③ 密叶波士顿蕨（*N*. *cv*. Corditas）植株较矮，二回羽状复叶，羽叶密簇而生，小羽片多对，长5～7cm，先端渐尖，小羽叶细碎而皱曲，尤以叶端更为明显，黄绿色，较紧密，株形十分优雅，极具观赏价值。

土壤　喜疏松肥沃、透气的中性或微酸性土壤，种植土条件要求不严，盆栽可用疏松的腐叶土或泥炭土与少量河沙配制，在土层下埋入腐熟透的有机厩肥作基肥；也可用花店出售的营养土栽培，一般1～2年换盆1次。

光照　对光线适应力较强，耐荫性能好，但在温和、明亮的散射光下生长最佳。夏秋季以遮光60%，冬春季遮光30%为宜。室内摆设一段时间后，要定期移至户外养护，不能直接放在强烈的阳光下，光线太强，植株生长缓慢，叶色泛黄而影响到观赏价值，但过阴也会导致植株徒长。

温度　性喜温暖和半阴的环境，怕旱、忌干燥，也怕积水。生长适温为20～25℃，不耐寒，冬季要做好保温工作，越冬温度不能低于6℃，否则较易受冻而产生枝叶发黄等现象。在11月气温降低时最好将盆栽移入室内，或用大塑料袋罩上花盆避风保温，以利植株安全越冬。

浇水　春夏季是生长的旺盛期，应浇水充足，保持盆土湿润。盛夏炎热天时必须保持较高的空气湿度，需经常向叶面喷水增湿，或在盆底垫上水盘，注水入盆保湿，尽量做到宁湿勿干。平时不要待盆土干透才浇水，但也要忌盆土长久积水，否则会因滞水而烂根。冬季要少浇水，只需保持盆土稍有湿润便可，过分的湿润会使叶片泛黄和脱落。

施肥　除冬季外，生长期间每隔 1～2 月施稀薄液肥 1 次，氮肥或腐熟透的有机肥水均可。施肥前勒水 1～2 天，好让肥料下渗吸收良好，施肥后即用清水喷洒 1 遍叶片，避免肥水滞留或接触叶片后而引起黄叶。平时要经常剪掉残枝枯叶，促使新叶生长，保持叶色持续清新翠绿。

繁殖　用分株法。波士顿蕨生长健壮，根系生长极快，每年春季结合翻盆时进行分株，做法是：先选择株丛茂密的盆苗，提前两天停止浇水，然后从盆中倒出，将母株匍匐枝纵向分割成若干小丛，直接地栽或盆栽均可，栽好后放在阴湿处，保持一定的温度和湿度，不久便成为新的盆栽。也可在夏秋季将匍匐茎上的幼株剪下栽在土中培育成新植株。

病虫害防治　平时注意土壤不宜过湿，通风不畅或湿度过大时，易发生带有生理性病害的叶枯病。发病初期可用 50% 的代森铵水溶液 300～400 倍液、或 70% 的托布津可湿性粉剂 800～1000 倍液喷洒防治；虫害有粉介壳虫、蚜虫和红蜘蛛，可用肥皂水清洗或用 40% 氧化乐果乳油 1000～1500 倍液喷杀。

应用　波士顿蕨对环境的适应性较强，容易栽培，株形潇洒雅致而有层次，叶色翠绿光润且四季常青。盆栽是室内优良的观叶植物，可布置在茶几、窗台等处作装饰。若用于悬挂吊盆栽培，则别有一番浪漫的情调。同时，其飘逸而多姿的叶片又是良好的插花陪衬材料，是插花市场上使用率较高的蕨类植物品种。

4 悬垂花卉的种植

4.1 吊盆和吊篮

悬垂花卉的特点是枝叶下垂，如用普通的花盆种植效果就不理想。因此，使用吊盆或吊篮等栽培器皿种植就极为必要。常用的吊盆一般以软性塑料制造，有白、枣红、褐等色彩，亦有涂上彩绘图案

①　②　③　④　⑤　⑥　⑦

图 4-1　吊盆与吊篮

1. 塑料吊盆　2. 金属吊盆　3. 木框吊篮　4. 铁艺与椰棕混合吊盆
5. 壁挂　6. 陶瓷吊盆　7. 藤萝吊篮

者。由于其质轻且不易破损，价钱便宜而被广泛应用，此外，还有质地厚重的金属吊盆和陶瓷吊盆，它们多被用于特殊环境或场所，但价钱一般较贵而应用不多。

至于吊篮方面，最多使用者为质轻而简朴的竹箩和藤箩。而用铁丝扎制的铁丝吊篮和用木条叠制的木框吊篮，由于市面上较少出售而多为自制（图 4-1）。

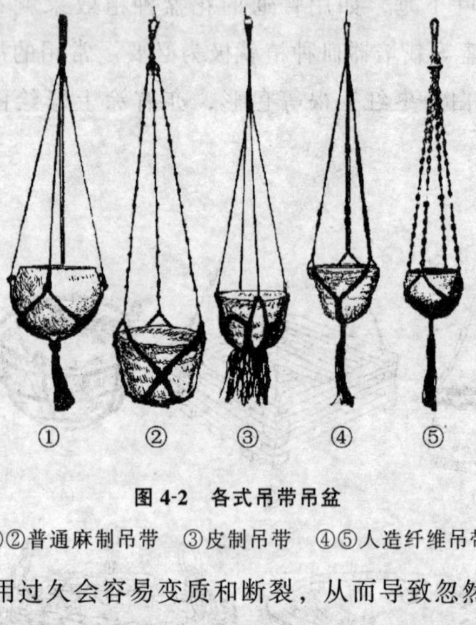

图 4-2　各式吊带吊盆

①②普通麻制吊带　③皮制吊带　④⑤人造纤维吊带

吊带吊盆是近几年兴起的种植悬垂花卉的新载体，其时尚的装饰效果有一种整体和谐的美感（图 4-2）。吊带吊盆可依室内的装修风格和个人喜好来选择，按不同的制作材料，有麻制，棉制，人造纤维制。皮制和金属制等 5 大类。其中以金属制者最为耐用，人造纤维制使用过久会容易变质和断裂，从而导致忽然掉落，使人感到有点不安全，皮制者虽然外表华贵，但遇水容易发霉变质而要多加清洁。至于棉制或麻制的吊带更是不耐长期使用，因此以安全起见，必须在 5～10 个月后就更新，否则日久易断裂跌落下来，不仅使悬垂花卉植株受到损坏，且对植株下的人或物也会带来安全隐患。

4.2　吊盆与吊篮的种植

其方法基本上与盆栽的种植方法相同，只不过是在花盆或吊篮上加挂上吊带等附助材料而已，相对而言，吊篮载体较大，适宜栽培些个体大且有分量的植物。

吊盆的种植方法（如图 4-3）

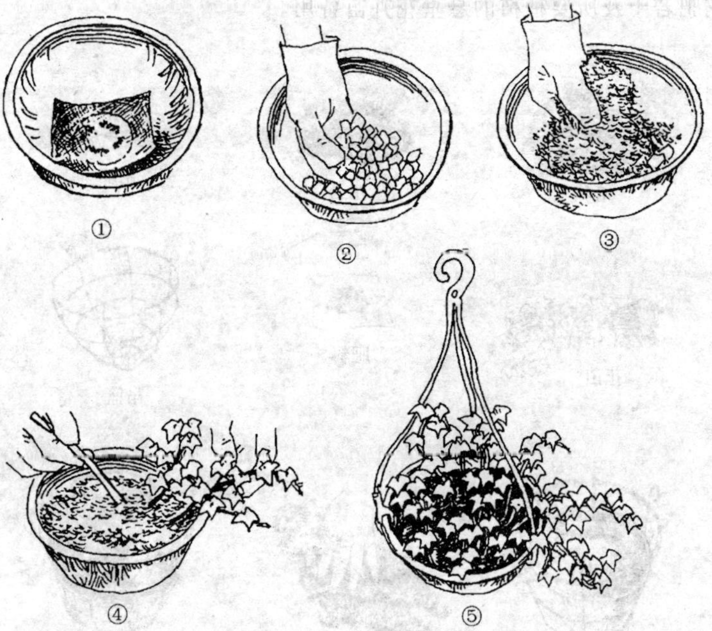

图 4-3　吊盆悬垂花卉的种植

（1）在盆底放置一层纱网以防止培养土随着浇水而外流。

（2）盆底应垫上大粒的碎石或花泥，以利于透气与排水。

（3）培养土应以 5～6 分满为度，并混合少量肥料作基肥。

（4）移栽入要种植的悬垂花卉苗，然后再加入培养土填埋至 8～9 分满。

（5）将吊带系上，并充分浇水使根与培养土埋实，移至半荫处放置，一周后才能放于光线适合之处。

吊篮的种植方法（如图 4-4）

（1）需要铁丝制成的吊篮 1 只，吊绳 1 条、水苔、培养土和粒状花肥若干及所要种植的悬垂花卉苗备用。

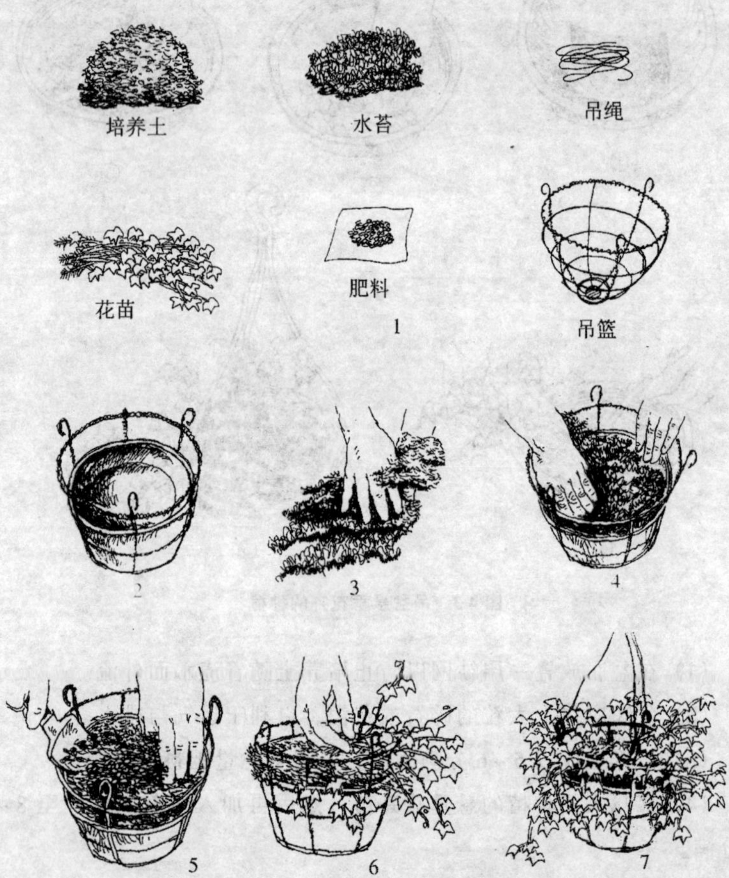

图 4-4　吊篮悬垂花卉的种植

(2) 将相宜的花盆放入吊篮内，以利于种植操作。

(3) 把浸湿的水苔用两手掌搓理成 1cm 厚的板状物。

(4) 将板状物水苔平铺于吊篮的盆壁上并压实。

(5) 填放入培养土，并加入少量粒状肥料作基肥。

(6) 将花苗植株横放从吊篮间隙穿入，自然均匀分布后，再填入培养土，然后用手压实。

(7) 将吊绳的位置固定好，充分浇水使根系与培养土密接，移至遮阴处，待生长稳定后再放于光线适合之处。

4.3 悬垂花卉的保养工具

由于悬垂花卉多为挂于高处观赏，一般的保养工具难于达至，使日常管理或维护变得较为困难；因此，选用一些特制的保养工具就成为必要了（图 4-5）。

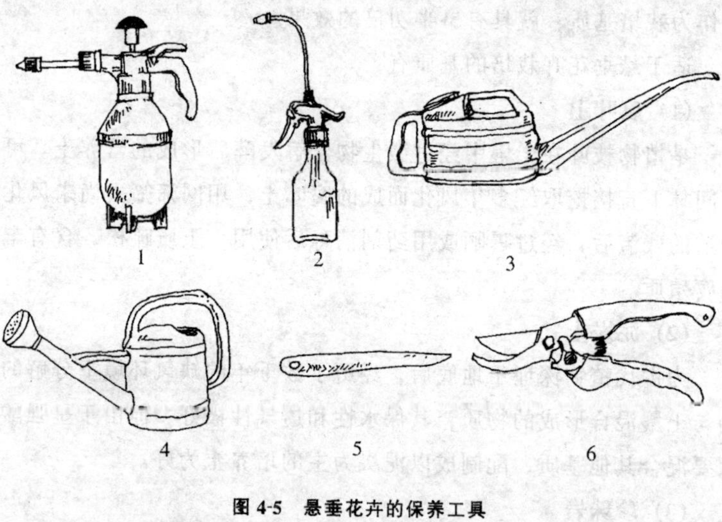

图 4-5 悬垂花卉的保养工具

①雾化喷雾器 ②长嘴喷雾器 ③细长嘴浇水壶 ④莲蓬洒水壶

⑤竹扦（除草或松土用） ⑥枝剪

常用的保养工具莫过于浇水壶或浇水罐，而用于悬垂花卉的特制浇水器具个体要小，装水后操作起来要轻巧，以便于高高举起。出水的壶管要长而细，可以伸入到浓密的枝丛叶间，把水准确地浇灌入盆土之中。

在喷雾器方面也要小型化，以长咀型和细雾型者较为合适，以便能高高举起，将水雾或防治病虫害的雾化药液准确均匀地喷至植株的每一个部位上。此外，用于修剪枝叶的枝剪和进行松土及除草的小铲也要配备。

4.4 悬垂花卉的培养土配制

悬垂花卉在培养土和肥料方面也有其专业性，为使家养的悬垂花卉护理起来更省事方便。要尽可能减少浇水和换盆次数，是减轻劳动强度的最佳做法，因此，选用一些保水性强，疏松和排水良好的培养土作为栽培基质，就具有事半功倍的效果。

适于悬垂花卉栽培的基质有：

(1) 腐叶土

是植物枝叶在土壤中经过微生物分解发酵后形成的营养土。可到山间林下直接挖取经多年风化而成的腐叶土，用网筛筛去尚未风化发酵透的残渣后，经过曝晒或用药剂消毒后使用，土质疏松，含有丰富的腐殖质。

(2) 泥炭土

为古代植物深埋于地底后，经历了数千年的缺氧环境下分解的植物与土壤混合形成的物质，其保水性和透气性极好，但由于呈强酸性而要混合其他基质，配制成以泥炭为主的培养土为好。

(3) 珍珠岩

是由一种珍珠石矿经高温煅烧后产生的白色多孔小粒，具有质轻、无菌、保水和疏松透气的特点，通常是掺配上其他的基质一起使用。

(4) **蛭　石**

是云母岩矿经高温煅烧后产生云片状小块的物质，具有多孔、保水、疏松和无菌等特点，常掺配上其他的基质混合成培养土一起使用。

(5) **水　苔**

是一种称之为泥炭藓的苔藓类植物晒干后的产物，具有质轻、保水和保肥的能力，单用于悬垂花卉的栽培可铺于盆底和盆面作保水和增加湿度之用。目前，一些花店已出现有由国外引进的泥炭苔出售，这种由特殊植物腐殖物制作的高级花卉种植介质，具有稳定的物理，化学特性和最佳的持水量，内含人工添加的湿润剂及营养启动剂。

(6) **河　沙**

从江河中捞起用于建筑的素沙经清水冲淡后的基质，具有保水力强和排水良好的特点，通常混以其他基质一起配制成培养土。

利用以上基质，可配制出适合于悬垂花卉栽培的培养土，其配方有：

①泥炭土 1 份、腐叶土 1 份，河沙或珍珠岩 1 份混配而成。

②水苔 1 份，腐叶土 1 份，河沙或珍珠岩 1 份混配而成。

③泥炭土 2 份，珍珠岩 0.5 份、蛭石或河沙 0.5 份混配制成。

4.5　适用于悬垂花卉的肥料

随着种花潮流的日益兴起，现不少园艺商店均有包装好的花肥出售，家庭养花用量不多，最便捷的方法就是直接从花卉商店购买；这类肥料是针对不同花卉的营养要求分类生产，能满足各类花木生长的需求。既科学又环保。此类肥料也称颗粒状肥料，施 1 次后可随着浇水而慢慢释出肥份，肥力高且肥效持久，能供给植株较长时间的生长发育所需，释放的肥液对悬垂花卉的根不会产生肥害，此类常见的肥料有：

(1) **奥妙肥**

又称为胶粒肥，国内出售者多由以色列进口，其原理就如同缓效药片一样，其外壳包有一层能缓慢释放肥份的胶壳，不会由于浇水时一下子溶解，而只会随着特定作用下而缓慢释出，提供足够的氮、磷、钾的营养成分供给植物体吸收，其肥力可持续 3～6 个月不等，施用 1 次可省去好多时间。

(2) 粒状魔肥

通常称为 5 号魔肥，具有良好的肥力，施放 1 次可持续 2～3 个月的肥效，比起浇施液肥省时省力。

至于油粕、骨粉、鱼粉等动植物下脚料的固态肥料，尽管亦可应用，其肥效也可维持约 30 天左右，但由于它们遇水发酵时会产生异味，故一般不要用作家庭栽植悬垂花卉的肥料。

4.6 悬垂花卉的修剪与扦插

当悬垂花卉生长到一段时间后，新芽会不断伸长，老枝叶会自然变黄脱落，导致植株外形走样，使观赏价值下降。尤其是高温多湿的夏季，更容易产生过长的枝叶，因此要及时修剪，就如同人们要理发一样，使外形得以疏理，确保其应有的观赏价值。

修剪工作一般在悬垂花卉生长旺盛期的 4 ～10 月间进行，要视乎不同的种类，先将徒长的枝叶，黄化的老叶摘除或修剪掉。然后按其特定外形修剪成各种形状，通常以枝条下垂不超越盆底或与之持平为准，但也可视植物的特性或形状，让飘逸的枝条如披肩美发一样飞泻而下，让枝叶有一个充分伸展的空间。总之是各人见仁见智，不拘一格，原则上是下垂的枝叶长度以不超过盆底线的 2 倍为好。

修剪后的植株可以用稀释的液肥追肥，以促进恢复长势的消耗所需。肥料的用量应为标准用量的一半，即 1400～1600 倍的兑水量，每隔 10～ 15 天施 1 次，直至新芽再度长出，植株恢复正常生长时为止。

剪下的粗壮枝条可作扦插繁殖用，例如垂椒草的枝条，可将其剪成数段来繁殖，其方法如下：(如图 4-6)。

(1) 将枝条先插人水中 30～60 分钟以充分吸水。

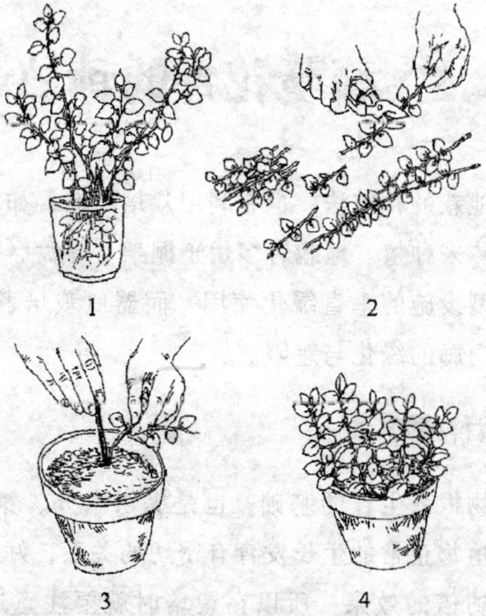

图 4-6　悬垂花卉的修剪与扦插

（2）去掉部分叶片，按 15cm 为一段剪成多条插穗。

（3）将插穗逐条插入培养土中，稍轻压使插穗和基质密接。

（4）扦插完毕后，应洒透水，移置于半荫处管理。

5 藤蔓花卉的种植

通常采用地栽的种植法，也有利用栽培器皿，如花盆、花槽、花缸、木箱等盆钵来种植。地栽者多用于棚架、绿篱、墙垣、花廊以及天桥壁面等大型设施的垂直绿化使用。而器皿栽培者主要用于阳台、窗台、天井和门廊的绿化与遮阳。

5.1 地栽种植法

土壤是植物根系生长的基础，也是提供水分、养分的主要基质，土壤的质地对植物正常的生长发育有密切的关系，好的土壤对花卉生长可起到事半功倍的效果，所以在栽培时就要注意选择好的种植环境，用土应以肥沃、疏松透气、排水和保水性能良好，富含腐殖质者为佳。常见的栽培用土有下列两种：

田园土 又称栽培各类作物的熟土，兼有砂质土和粘土的优点，多团粒结构，透水通气性能好，取土来源方便，是多数家庭栽培花卉的传统培养基质。

厩肥土 由各类禽畜的粪便与杂草等经过堆积沤制腐熟后，掺入少量砂质上并经晒丅而成，具有丰富的养分和腐殖质。但最好是经过化学灭菌、杀虫后才使用。

地栽者无需刻意去创造栽培的条件，只要选择适合于当地气候和水土条件的种类即可。栽种时要事先平整好土地，挖穴后如在底部放入基肥对植株日后生长会更有利。然后将带泥球的植株放入穴内，埋土填实并浇透水就可以了。为了使藤蔓花卉顺利地向上攀爬，栽种后设立竹竿或用细绳牵引扶持，让植株缠绕直上会有极大的帮助。

5.2 器皿种植法

主要用于小型空间垂直绿化之用，它具有占地少，容易管理和见效快等特点，但是由于其根系受容器大小的限制，藤蔓的枝叶覆盖面有限，仅能达到小块地方遮阴和绿化美化的作用。

按照栽培器皿的不同，可分为缸盆、花槽、木箱等3款种植法（图5-1）。

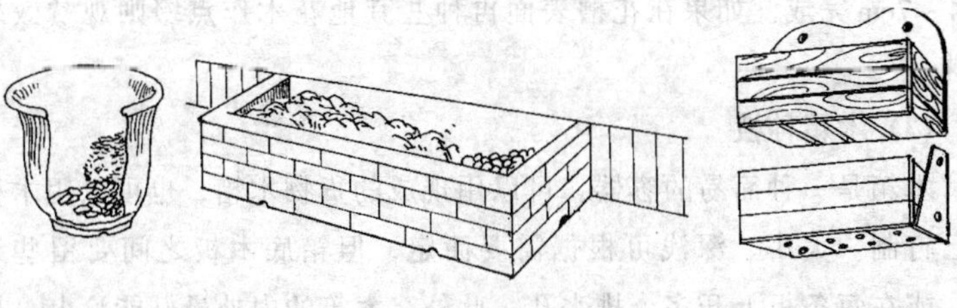

图 5-1

（1）缸盆种植

应选用直径在50cm左右深约70cm的花盆或花缸。它们具有占地少，容纳土量多和土层深厚，对藤蔓花卉的根系伸展极为有利，适合放置于阳台，窗台，天井的一角栽植。种植前必须在盆缸底部排水孔垫上一块弯拱状的碎瓦，以利于排水透气。如果底部较大，可放上一层碎瓦或碎石，以增加排水和透气的效果。然后在碎瓦上部铺上15～20cm厚的粗泥粒，然后将植株放入，填满土后浇1次定根水，使泥土与根系充分结合，并无需再加土，维持土面在缸盆口5cm以下，以利于浇水和施肥工作的进行，不会由于土层过高，使水肥溢出而弄污环境。

（2）花槽种植

一般用水泥和红砖砌制而成，通常为长方形，亦有四方形或圆形等形状，为了美化的需要，其外表最好铺砌彩色的瓷片，但要注意的是槽底应预留多个排水孔，以利于多余水分不会积存于土壤中而尽快排走。

花槽的大小应因地制宜来决定，但不能过小，否则不利于根系的生长发育，从而使藤茎和枝叶生长受抑制。通常以长 1m，宽 30cm，深 50cm 者或以上较为合适，种植前要在底部铺一层碎石或碎瓦，再在其上铺一层棕衣，破草席或泡沫塑料块，使之更好地排水和通气，然后再填上土至 1/3 处，放入藤蔓花卉的植株，铺上土至离花槽处大约 4～7cm 完成。如果在花槽表面再种些其他花木作点缀则观赏效果更佳。

(3) 木箱种植

木箱是一种简易的容器，可以用现成的货物木箱，也可以用木板自己钉制。大小、深浅可根据需要而定，但箱底木板之间要留些缝隙，或在每条板上开多个排水孔。此外，木箱的内外最好能涂上一层油漆，以便可经久耐用，天井、窗台、阳台、平顶天台均可装置木箱作藤蔓花卉种植用，其种植方法和步骤与花槽种植相同。

6 家居藤蔓花卉棚架的制作

所谓家居棚架是指仅用简易的方法，搭建供藤蔓花卉攀援生长的设施，应用的材料主要有竹、木、水管或钢筋之类，可以通过用铁丝扎作或烧焊来制作，具有简单和实用的特点。

6.1 门廊藤架

位于门口处，通常两边均有一个花槽供种植藤蔓花卉之用，然后可用水管或钢筋焊接成一个弧形棚架，而其形状应以门框的外形大体一样，让藤廊花卉攀爬而上，构成了一个美丽的门口藤廊。为了突出其美丽，多采用以观花为目的的藤蔓花卉种类，如藤本月季、炮仗花和牵牛花等攀于其上（图 6-1）。

图 6-1 门廊藤架

6.2 窗台藤架

首先，在窗台上架设一个箱式花槽，然后用竹竿制作成梯形支架侧立，在其上部横扎几枝竹竿，形成一个框状棚架，使藤蔓花卉沿竹竿向上生长，直至满布四周，达到遮阳和美化窗台的目的。适用的藤蔓花卉有茑萝、牵牛和翼叶老鸦嘴等一年生赏花藤本，它们冬季干枯死亡，可使冬季柔和的阳光透入室内；春、夏、秋季生长旺盛，可有效地遮挡夏季强烈的阳光，由于有这些藤蔓花卉的遮挡，起到了一个

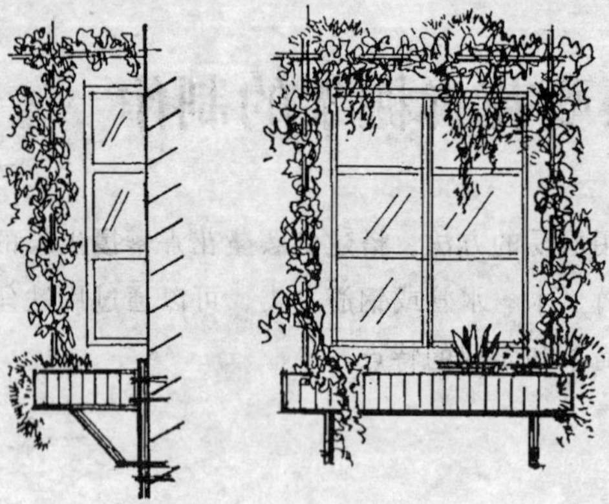

图 6-2　窗台藤架

"绿色窗帘"的作用，使室内免受曝晒之苦并增添了丝丝凉意(图 6-2)。

6.3　阳台棚架

通常在阳台或天台架设，材料主要用质轻耐腐的竹竿架设，按天台或阳台的大小用铁丝扎牢竹竿而成，其高度一般在 2m 左右，竹竿间距为 30cm. 适用的藤蔓花卉种类有紫藤、炮仗花、金银花、大花老鸦嘴、水瓜、葫芦瓜等(图 6-3)。

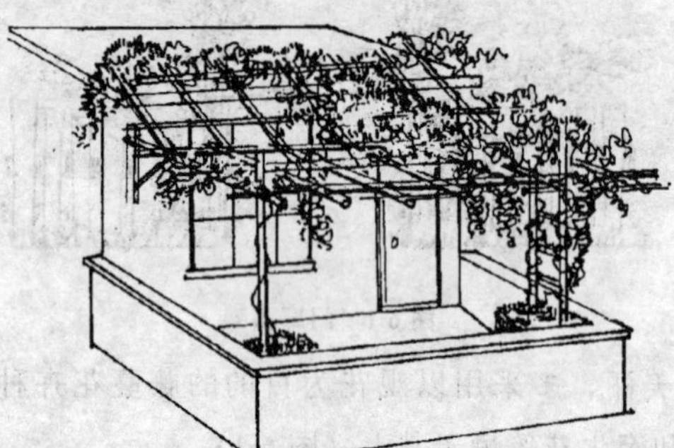

图 6-3　阳台棚架

6.4　盆栽藤架

具有自由移动和外形优美的特点，通常有 3 种常用的攀附方式：

(1) 提篮式

制作方法是先将一条粗铁丝插入花盆中固定成一拱弯形的提篮，然后将植株放入花盆中，将下垂蔓生的枝条沿拱弯的铁丝缠绕固定让其攀爬而完成制作（图 6-4)。

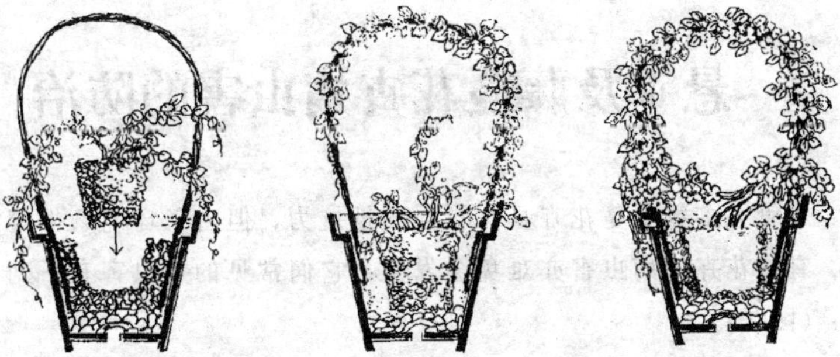

图 6-4　提篮式

(2) 支架式

利用竹竿或金属棒多枝按图案需求扎作后，让藤蔓花卉攀附生长而完成制作(图 6-5)。

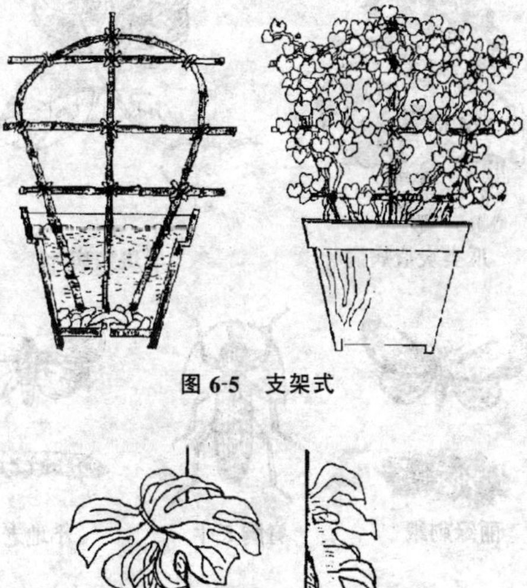

图 6-5　支架式

(3) 立柱式

用水苔柱或棕衣柱让一些诸如龟背竹、蔓绿绒的植株作攀附生长的立柱，立于盆土中央种上藤蔓花卉后完成（图 6-6)。

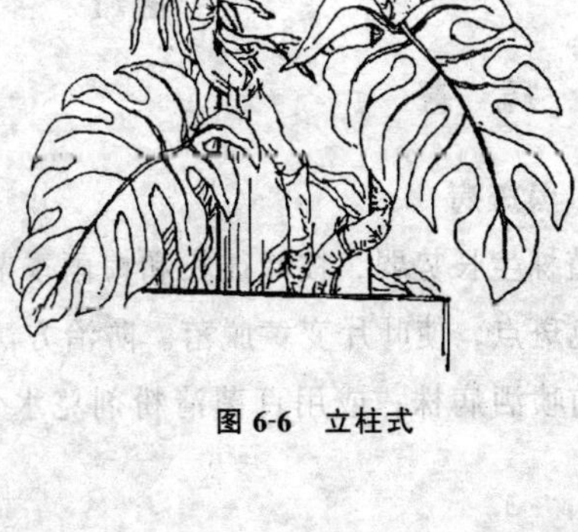

图 6-6　立柱式

7 悬垂及藤蔓花卉病虫害的防治

尽管大多数藤蔓花卉具有较强的抵抗力，但由于环境条件等因素，有些花卉的病虫害亦难免会发生，它们常见的病虫害有下列各种：(图 7-1)。

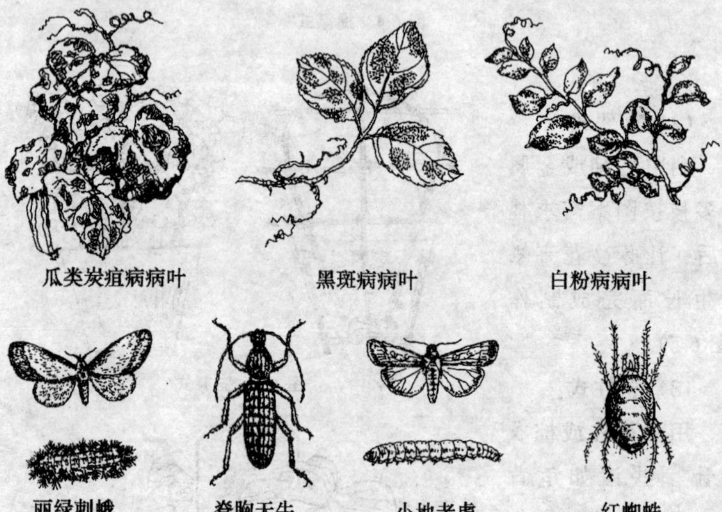

图 7-1

7.1 病 害

(1) 黑斑病

当植株生长势弱，枝叶徒长和梅雨季节易患此病，病株叶片长出许多黑色斑点，使叶片变黄脱落。防治方法可用石硫合剂稀释液于春芽萌动前喷洒病株；或用百菌清粉剂兑水 500 ~ 1000 倍液随时喷洒病株，一般 2～3 天喷 1 次，通常连续 3～5 次即可去除黑斑病。

(2) 白粉病

通常侵染嫩叶、花梗和花托，亦会在花冠上发生。发病的植株新叶上出现白粉状斑块，使被害植株生长不良。防治方法用 15% 粉锈宁可湿性粉剂 1500～2000 倍液，或用 0.1～0.2 的小苏打液喷洒病株，同时要改良生长环境，增强通风透气条件，及时摘除病叶来达到预防的目的。

(3) 炭疽病

在梅雨季节最易发生，初期叶片出现一些红褐色病斑，后不断扩大变成黑褐色，导致叶片黑斑点点，防治方法可用高脂膜 500 倍液或石硫合剂水溶液喷洒病株，并要适当疏去过密的枝叶，加强通风透气，可有效地遏制此病的再发生。

7.2 虫 害

(1) 蚜 虫

主要出现于一些多汁或刚开花的植株，以伏于多汁的部位吸取植物汁液为牛，使受害植株生长不良。防治方法可用氧化乐果 1000 倍液，敌敌畏 1000 倍液或洗衣粉兑水 1∶800 倍液喷杀，一般 1～2 次就能将虫体杀死。

(2) 介壳虫

隐伏于腊壳内吸取植物的汁液为生，导致受害植株生长不良和叶片黄斑点点，使花朵早落和植株生长不良。防治方法可用氧化乐果 1000 倍液或用洗衣粉兑水 1∶800 倍液混入几滴敌敌畏乳液喷杀。

(3) 红蜘蛛

附于叶背处吸汁，使受害的叶片出现许多小白点，造成过早地黄叶和落叶，通常生长环境不通风易出现红蜘蛛，尤以 6～7 月份的发生率最高。防治方法可用三氯杀螨醇 1000 倍液或氧化乐果 1000 倍液喷杀。

(4) 刺　蛾

主要危及藤蔓花卉，其幼虫隐于叶背之中蚕食叶片。防治方法可用乐果或敌敌畏1000倍液喷杀即可。

(5) 天　牛

主要危害木质藤本，常在木质藤茎内啃食树干，使被害植株生长不良。防治方法可用稀释500～1000倍的氧化乐果或敌敌畏水溶液的药棉球塞住其通气的孔洞，以便将其薰死。

(6) 地老虎

是金龟子的幼虫，隐藏于盆土或地下以植物的根和芽为食，严重时造成植株死亡。防治方法可用呋喃丹埋入土中让植物吸收，使地老虎啃食后被毒死。

参考文献

1. 陈俊愉等．中国花经．上海：上海文化出版社，1990
2. 胡浙星等．攀援花卉．北京：中国青年出版社，1995
3. 余植民等．岭南花卉．广州：广东科技出版社，1981
4. 陈俊愉等．园林花卉．上海：上海科学技术出版社，1980
5. 苏星等．花木病虫害防治．广州：广东科技出版社，1985